中国政法大学
环境资源法研究和服务中心
宣讲参考用书

生态环境保护
健康维权普法
丛书

Environment
Protection
and
Health

土壤污染
与健康维权

▶ 王灿发 赵胜彪 主编 ◀

华中科技大学出版社
http://www.hustp.com
中国·武汉

图书在版编目（CIP）数据

土壤污染与健康维权 / 王灿发，赵胜彪主编. -- 武汉：华中科技大学出版社，2019.11

（生态环境保护健康维权普法丛书）

ISBN 978-7-5680-5696-0

Ⅰ.①土… Ⅱ.①王… ②赵… Ⅲ.①土壤污染—污染防治 ②土壤污染—环境保护法—研究—中国 Ⅳ.①X53 ②D922.683.4

中国版本图书馆CIP数据核字（2019）第216669号

土壤污染与健康维权
Turang Wuran Yu Jiankang Weiquan

王灿发　赵胜彪　主编

策划编辑：郭善珊
责任编辑：李　静
封面设计：贾　琳
责任校对：梁大钧
责任监印：徐　露
出版发行：华中科技大学出版社（中国·武汉）　　电话：（027）81321913
　　　　　武汉市东湖新技术开发区华工科技园　邮编：430223
录　　排：北京欣怡文化有限公司
印　　刷：北京富泰印刷有限责任公司
开　　本：880mm×1230mm　1/32
印　　张：6.125
字　　数：131千字
版　　次：2019年11月第1版　2019年11月第1次印刷
定　　价：39.00元

撰稿人：高晓元　郑元超　王　贺　赵胜彪

序　言

随着我国人民群众的生活水准越来越高，每个人对自身的健康问题也越来越关注。除了通过体育锻炼增强体质和合理安全的饮食保持健康以外，近年来人们越来越关注环境质量对人体健康的影响，甚至有些人因为环境污染导致的健康损害而与排污者对簿公堂。然而，环境健康维权，无论是国内还是国外，都并非易事。著名的日本四大公害案件，公害受害者通过十多年的抗争，才得到赔偿，甚至直到现在还有人为被认定为公害受害者而抗争。

我国现在虽然有了一些环境侵权损害赔偿的立法规定，但由于没有专门的环境健康损害赔偿的专门立法，污染受害者在进行环境健康维权时仍然是困难重重。我们组织编写的这套环境健康维权丛书，从我国污染受害者的现实需要出发，除了向社会公众普及环境健康维权的基本知识外，还包括财产损害、生态损害赔偿的法律知识和方法、途径，甚至还包括环境刑事案件的办理。丛书的作者，除了有长期从事环境法律研究和民事侵权研究的法律专家外，还有一些环境科学和环境医学的专家。丛书的内容特别注意了基础性、科学性、实用性，是公众和专业律师进行环境健康维权的好帮手。

环境污染，除了可能会引起健康损害赔偿等民事责任，也可能承担行政责任，甚至是刑事责任。衷心希望当事人和相关主体采取"健康"的方式，即合法、理性的方法维护相关权益。

虽然丛书的每位作者和出版社编辑都尽了自己的最大努力，力求把丛书打造成环境普法的精品，但囿于各位作者的水平和资料收集的局限，其不足之处在所难免，敬请读者批评指正，以便再版时修改完善。

王灿发

2019 年 6 月 5 日于杭州东站

编者说明

一、什么是土壤污染

土壤污染是指因人为因素导致某种物质进入陆地表层土壤，引起土壤化学、物理、生物等方面特性的改变，影响土壤功能和有效利用，危害公众健康或者破坏生态环境的现象。

2018 年 8 月 31 日，第十三届全国人大常委会第五次会议通过了《中华人民共和国土壤污染防治法》，自 2019 年 1 月 1 日起施行。该法的通过与施行，从宏观上说，是贯彻落实党中央有关土壤污染防治的决策部署，完善生态环境保护、污染防治的法律制度体系，为"净土保卫战"提供法治保障，关系到农产品质量安全、百姓身体健康和经济社会的可持续发展。从微观上看，和地方各级人民政府、生态环境主管部门或者其他负有土壤污染防治监督管理职责的部门，土壤污染重点监管单位，向农用地排放重金属或者其他有毒有害物质含量超标的污水、污泥，以及可能造成土壤污染的清淤底泥、尾矿、矿渣等的单位或人员，农业投入品生产者、销售者、使用者，将重金属或者其他有毒有害物质含量超标的工业固体废物、生活垃圾或者污染土壤用于土地复垦的单位或人员，受委托从事土壤污染状况调查和土壤污染风险评估、风险管控效果评估、修复效果评估活动的单位，土壤污染责任人或者土地使用权人等的应尽义务和法律责任密切相关。

1

二、土壤污染的危害

空气污染，我们有时候看得见，比如雾霾，而土壤污染一般看不见，需要通过做土壤分析、农产品检测，甚至做人畜健康的危害影响鉴定等才能发现。空气污染会对人们的健康造成危害，同样，土壤污染也会对人们的健康造成危害。土壤污染的危害大致有以下几方面：

第一，土壤污染危害人们的身体健康。

土壤污染会使有害物质或有害物质的分解物通过食物链或其他途径，进入人和动物体内，危害人畜健康，引发癌症和其他疾病等。比如长期食用在镉污染地里生长的"镉大米""镉蔬菜"，会对健康造成危害。

镉中毒症状主要表现为动脉硬化、肾萎缩、肾炎、破坏骨骼和肝肾，引起肾衰竭，甚至引发癌症。镉还能导致高血压，引起心脑血管疾病等。

第二，土壤污染会导致农作物减产，品质下降，造成经济损失。

土壤污染会使农作物减产。在污染的地里生产的粮食、蔬菜、水果中的镉、铬、砷、铅等重金属含量超标和接近临界值，会使农产品品质、等级降低，同样会造成经济损失。

第三，土壤污染导致其他环境问题。

土壤被污染以后，有害物质在温度、风力、水力等因素作用下，会进入大气和水体中，又导致大气污染、地表水污染、地下水污染等其他环境污染问题。

三、本书内容

（一）民商事内容

结合土壤污染纠纷民商事案例，介绍与受害方如何维权、侵权人如何救济相关的法律法规，包括相关的实体法规定和程序法规定，同时介绍相关的法理知识。

（二）行政内容

结合土壤污染纠纷行政案例，介绍与当事人如何维权、行政机关如何救济相关的法律法规，包括相关的实体法规定和程序法规定，同时介绍相关的法理知识。

（三）刑事内容

结合土壤污染纠纷刑事案例，介绍与受害方如何维权、嫌疑人及被告人如何救济相关的法律法规，包括相关的实体法规定和程序法规定，同时介绍相关的法理知识。

四、本书目的

本书从法律、健康的角度，介绍与土壤污染相关的法律和健康知识，加强读者对土壤污染及危害的认识，学习相关的法律知识，提高生态环境维权的法律意识，从而实现保护生态环境、保护健康、依法维权的目的。

书名中的"健康维权"，有两层含义：

一是保护什么、用什么方法。不但要保护公民的健康权、生命权、财产权，而且要依法保护，于法有据，用"健康"的方式维权。

二是保护谁、维护谁的权。不仅仅是保护受害方的合法权益，而且要维护侵权人、被告人、嫌疑人，甚至罪犯的合法权益。

目录

第一部分　民事篇

案例一 电热厂污染林地，承包人请求赔偿

一、引子和案例

（一）案例简介

本案是因为热电公司泄漏的灰水污染种植林下参的土地而引起的土壤污染责任纠纷。

原告：房某；被告：某热电公司；第三人：某粉煤灰经销有限公司（简称某煤灰公司）。

原告房某诉称：原告在自己承包的林地种植林下参。2009年10月15日，被告水冲排灰管线跑水，造成原告1,580平方米林下参地被淹，该损失经鉴定为507,037.8元。原告在与被告协调赔偿未果的情况下，向区法院提起诉讼。在法院主持调解下，以被告赔偿原告40万元而结案。

从2011年开始，被告水冲排灰管线再次陆续破损，水冲灰浆再次外溢，冲淹原告种植的已经生长了九年的林下参面积达1.685公顷。粉煤灰厚的地方将林下参全部埋没，造成原告参地被淹范围内的林下参全部绝收。原告为维护自身的合法权益，特诉至法院，请求依法判令：1.被告赔偿原告财产损失3,560,856.91元；2.诉讼费、鉴定费由被

2

告公司承担。

被告公司不同意原告的诉讼请求，辩称的主要理由是：1. 原告承包的林地已不能再种植林下参，也就不存在损失问题。2. 原告房某主体资格存在瑕疵。房某是承包人之一，还有另外二人，即享有请求的是三人，而非原告房某一人。3. 答辩人不应成为本案被告。因排灰管线已承包给第三人某煤灰公司，其管理职责由某煤灰公司承担。4. 原告房某未证明林下参受损的直接原因，即林下参受损与水冲排灰管跑水是否具有因果关系，并没有证据证明。5. 林下参损失鉴定结论有许多瑕疵，不能作为证据使用。

原告房某为证明自己的主张成立，向人民法院提供了林地承包协议书等证据。被告某热电公司对原告房某提供的证据进行了质证。

被告某热电公司为证明其辩解成立，向法院提供了相关证据，原告房某对被告某热电公司提供的证据进行了质证。

根据各方当事人在庭审中的陈述、举证、质证及法院对证据的认证，法院查明事实如下：

2003 年 5 月 1 日，原告房某及案外人杨某、王某与西郊林场签订了《国有林地承包协议书》，约定原告房某及案外人杨某、王某承包西郊林场第 16 林班面积 26,544 平方米的部分林地种植林下参。三人签订协议后在承包的林地内种植了林下参。后案外人杨某、王某退出合伙承包。

2009 年 10 月 15 日，被告某热电公司的水冲排灰管线跑水，将原告房某承包林地中的 1,580 平方米冲淹，使该林地范围内的林下参受损。为此，原告房某向区法院提起诉讼，要求赔偿。后在区法院的主持调解下，被告赔偿原告 40 万元。

从 2011 年 4 月开始，被告某热电公司的水冲排灰管线再次陆续破损，水冲灰浆再次外溢，将原告承包的部分林地冲淹，使林下参被污染。因双方就赔偿问题未能达成一致，原告诉至法院，要求被告赔偿其相应损失。

法院审理本案期间，经原告申请，法院委托某测绘有限公司、某农业技术推广总站分别对原告房某被污染的林地面积、被污染的林下参损害价值进行测定及鉴定。某测绘有限公司出具的《土地勘测定界技术报告书》结论为被污染林地面积7,651平方米。

2014年7月30日，某农业技术推广总站出具《鉴定（评估）报告书》，结论为如不发生污染或破坏等负面因素，样地现场林下参的单位平方米预期价值为422.41元。原告房某向某测绘有限公司支付鉴定费5,000元。

经被告某热电公司申请，法院委托市特产技术推广站对被告某热电公司灰水的泄漏与原告房某承包林地林下参的受损是否有因果关系及参与度进行鉴定。市特产技术推广站出具《鉴定（评估）报告书》，结论为灰水是导致林下参病害发生的直接因素，导致的发病率为95.65%，参与度为86.67%。

另查：2011年12月26日，被告某热电公司与第三人某煤灰公司签订《灰水回收系统运行及检修委托合同》，约定由第三人经营管理被告某热电公司的灰水回收系统、灰场运行调整、灰管线巡查维护工作，同时约定，如巡检或维护不到位造成管线跑灰而引发的赔偿问题，一律由第三人某煤灰公司负责。

（二）裁判结果

法院依照《中华人民共和国环境保护法》第六十四条，《中华人民共和国侵权责任法》第三条、第十五条第一款第（六）项、第六十五条之规定，判决如下：

一、被告某热电公司于本判决生效后十五日内赔偿原告房某林下参被污染的损失 2,679,206.35 元；

二、驳回原告房某的其他诉讼请求。

如果未按本判决指定的期间履行给付金钱义务，应当依照《中华人民共和国民事诉讼法》第二百五十三条之规定，加倍支付迟延履行期间的债务利息。

案件受理费 35,286 元、鉴定费 5,000 元，合计 40,286 元，由原告房某负担 7,000 元，由被告某热电公司负担 33,286 元。

如不服本判决，可在判决书送达之日起十五日内，向法院递交上诉状，并按对方当事人的人数提出副本，上诉于吉林省高级人民法院。

（三）与案例相关的问题

假设房某向法院对某热电公司提起诉讼，如果某热电公司的水冲排灰管线破裂是由第三人造成的，某热电公司是否不用承担对房某的赔偿责任？

本案的案件性质是什么，是民事诉讼、刑事诉讼还是行政诉讼？

房某可以什么理由向法院提起诉讼？

如果房某向法院提起诉讼，该案件的案由是什么？

什么是证据的真实性？

我国侵权责任法中规定了哪些归责原则？

什么是过错推定？它具体包括哪些内容？

土壤污染侵权作为环境污染侵权的一种，适用哪种归责原则？

什么是证明责任？

二、相关知识

问：假设房某向法院对某热电公司提起诉讼，如果某热电公司的水冲排灰管线破裂是由第三人造成的，某热电公司是否不用承担对房某的赔偿责任?

答:某热电公司仍需对房某承担赔偿责任,但是在承担赔偿责任之后,可以向造成水冲排灰管线破裂的第三人追偿。

《中华人民共和国侵权责任法》第六十八条规定,因第三人的过错污染环境造成损害的,被侵权人可以向污染者请求赔偿,也可以向第三人请求赔偿。污染者赔偿后,有权向第三人追偿。

三、与案件相关的法律问题

(一)学理知识

问:本案的案件性质是什么,是民事诉讼、刑事诉讼还是行政诉讼?

答:本案是民事诉讼。民事审判第一庭受理的民事案件包括损害赔偿纠纷案件,包括国家机关及其工作人员职务侵权纠纷、雇员受害赔偿纠纷、产品责任纠纷、高度危险作业致人损害纠纷、环境污染损害赔偿纠纷等,本案中被侵权人房某因环境污染遭受损害,请求某热电公司赔偿,属于环境污染损害赔偿纠纷,属民事诉讼的受案范围。

问:房某可以什么理由向法院提起诉讼?

答:我国侵权责任法中规定了环境侵权的相关内容,因污染环境和破坏生态造成损害的,应当依照《中华人民共和国侵权责任法》的有关规定承担侵权责任,所以房某可以其林地受到某热电公司灰浆污染环境,破坏林地生态,造成损害为由向法院提起诉讼。

问:如果房某向法院提起诉讼,该案件的案由是什么?

答:根据本案的案件事实,某热电公司对其自用且贯穿房某参地的水冲排灰管线未尽维护义务。水冲排灰管线陆续破损致使水冲灰浆再次外溢,造成房某种植的大面积林下参被冲淹,导致参地被淹范围内的林下参全部绝收。概括来讲，就是某热电公司的灰浆导致的土地污染损害，故本案案由为土壤污染责任纠纷。

问：什么是证据的真实性？

答：指诉讼证据必须是能证明案件真实存在的、不依赖于主观意识而存在的客观事实。这一客观事实只能发生在诉讼主体进行的民事、经济活动中，发生在诉讼法律关系形成、变更或消灭的过程中，是当时作用于他人感官而被看到、听到或感受到的、留在人的记忆中的，或作用于周围的环境、物品引起物件的变化而留下的痕迹物品，也可能由文字或者某种符号记载下来，甚至成为视听资料，等等。客观性是诉讼证据最基本的特征。

问：我国侵权责任法中规定了哪些归责原则？

答：我国侵权责任法规定了两大类归责原则：一个是过错责任原则，另一个是无过错责任原则。其中，过错责任原则还包括过错推定这一特殊形式。

问：什么是过错推定？它具体包括哪些内容？

答：过错推定是过错原则适用的一种特殊情形，是指受害人若能证明其所受损害是由行为人造成的，而行为人不能证明自己对所造成的损害没有过错，则法律就推定行为人有过错并就此由行为人承担侵权责任。

问：土壤污染侵权作为环境污染侵权的一种，适用哪种归责原则？

答：《中华人民共和国侵权责任法》规定，因污染环境发生纠纷，污染者应当就法律规定的不承担责任或者减轻责任的情形及其行为与损害之间不存在因果关系承担举证责任。这说明土壤污染侵权适用无过错责任原则。

问：什么是证明责任？

答：证明责任是指在诉讼中，当事人对自己所提出的主张有提出证据予以证明的责任。其基本含义是，在民事诉讼中，应当由当事人对其主张的事实提供证据并予以证明，若诉讼终结时根据全案证据仍不能判明当事人主张的事实真伪，则由该当事人承担不利的诉讼后果。

（二）法院裁判的理由

法院认为：一、原告房某单独作为本案原告的主体资格不存在瑕疵。

依据案外人出具的声明，结合林地在 2009 年被灰水冲淹后，原告房某自行向被告某热电公司主张权利并得到赔偿的事实能够认定，虽然与西郊林场签订《国有林地承包协议书》的为原告房某及案外人共三人，但案外人杨某、王某在 2009 年前已退出了合伙承包，因此，本案原告的主体资格不存在瑕疵。

二、被告某热电公司应为本案的赔偿责任主体。被告某热电公司虽然在 2011 年 12 月 26 日与第三人某煤灰公司签订了《灰水回收系统运行及检修委托合同》，并约定因管线跑灰而引发的赔偿问题由第三人某煤灰公司负责，但该约定只能对合同双方产生效力，不能免除作为跑灰管线所有权人被告某热电公司应承担的相应法律责任，且本次管线跑灰污染林地的事实在 2011 年 4 月即已发生，故被告某热电公司应为本案的赔偿责任主体。

三、对于原告房某承包林地的林下参被污染的损失，被告某热电公司应当进行赔偿。根据市特产技术推广站出具的鉴定结论，被告某热电公司排灰管线泄漏的灰水是导致林下参病害发生的直接因素，据此，被告某热电公司应当赔偿原告林下参被污染的损失。

四、原告房某被污染的林下参损失为 2,679,206.35 元。经鉴定，原告房某承包林地被污染的面积为 7,651 平方米，每平方米预期价值为 422.41 元，灰水导致发病率为 95.65%，参与度为 86.67%，据此，计算原告房某林下参的损失应为污染面积 7,651 平方米 × 每平方米价值 422.41 元 ×95.65% 的发病率 ×86.67% 的参与度 = 林下参损失 2,679,206.35 元。

原告房某主张应按 100% 的参与度计算损失无事实及法律依据，法院不予支持。虽然被告某热电公司及第三人某煤灰公司主张林下参价值的鉴定结论不应采纳，但未提供充分的证据证明该鉴定结论存在不应予以采纳的情形，故法院对其主张不予支持。

综上所述，依据《中华人民共和国侵权责任法》第六十五条"因污染环境造成损害的，污染者应当承担侵权责任"的规定，被告某热电公司的排灰管线泄漏，污染了原告房某的承包林地，使原告房某种植的林下参受损，被告某热电公司应当承担侵权责任。

（三）法院裁判的法律依据

《中华人民共和国侵权责任法》

第三条　被侵权人有权请求侵权人承担侵权责任。

第十五条第一款第（六）项、第二款　承担侵权责任的方式主要有：

（六）赔偿损失。

以上承担侵权责任的方式，可以单独适用，也可以合并适用。

第六十五条　因污染环境造成损害的，污染者应当承担侵权责任。

（四）上述案例的启示

本案的启示之一是某热电公司要想免除自身责任，应当提供符合法律规定的证据。

法院判决被告某热电公司赔偿原告林下参被污染的损失 2,679,206.35

元，是因为某热电公司没有证据能证明存在法律规定的不承担责任的情形，也没有证据证明其排灰管线跑水行为与原告损害之间不存在因果关系。

《中华人民共和国侵权责任法》规定，因污染环境发生纠纷，污染者应当就法律规定的不承担责任或者减轻责任的情形及其行为与损害之间不存在因果关系承担举证责任。这说明，如果某热电公司有法律规定的不承担责任或者减轻责任的情形及其行为与损害之间不存在因果关系的相关证据，就可以实现减轻或免除自身责任的目的。

案例二 鸡粪污水进稻田，赔偿损失找法院

一、引子和案例

（一）案例简介

本案是因为含有鸡粪的水污染土壤，造成水稻减产甚至基本绝产而引起的土壤污染责任纠纷。

原告田某诉称，被告杜某将鸡粪水排进原告地里，造成原告的水稻基本绝产。原告多次找被告协商赔偿，均无结果，故向法院提起诉讼请求：1.判令被告赔偿原告经济损失 24,990 元；2.诉讼费用由被告承担。

被告杜某辩称，不同意原告的诉讼请求。

原告为证明其主张的事实成立，向法庭提交相关证据并当庭举示。被告对原告提出的证据进行了质证。

被告为证明其主张的事实成立，向法庭提交相关证据并当庭举示。原告对被告提出的证据进行了质证。

法院依职权对争议污染土壤进行实地勘查，咨询相关农业生产人员，按照双方的申请委托司法鉴定。在再次开庭审理时向双方出示了勘验笔录、调查笔录、司法鉴定的相关材料，原告、被告分别发表了

质证意见。

通过庭审中各方当事人的陈述、自认及对上述证据的认证查明：

1. 关于涉案土壤污染事故发生的相关事实经过。

原告田某与被告杜某承包的水稻田均位于 A 屯东侧。杜某的承包地分割为两块，西侧是水稻田，东侧是 2 米多深的鸡粪池，鸡粪池里堆放了大量的鸡粪，承包地北侧 100 米有条水渠。水渠从西到东依次经过郭某、田 B、邓某承包的水稻田后截止。紧邻邓某承包的水稻田东侧是郭某承包的另一处 2 亩水稻田，其东侧是田某承包的水稻田，这两处水稻田里原有的水渠已在 10 多年前被填土种上水稻。

2013 年 6 月，由于连续几天下大雨，杜某承包的两块地里存了很多的雨水，杜某用水泵将其鸡粪池里的鸡粪水排到北侧 100 米外的水渠中，抽出的鸡粪水沿着水渠流到郭某和田某承包的两块水稻田里。

2. 关于涉案土壤污染事故发生的因果关系鉴定。

在审理过程中，根据原告和被告的鉴定申请，法院于 2014 年 4 月 1 日委托司法鉴定部门对田某承包田里的水稻减产或绝产的原因及与水稻田里的鸡粪水有无因果关系、按减产量计算农作物的损失进行司法鉴定。经查询、联系，省内尚无具有此类资质的鉴定机构。原告和被告对不能鉴定的结论均无异议。

3. 与本案有关的其他事实。

郭某承包的水稻田因杜某排放的鸡粪水致当年水稻减产。

田某承包的涉案污染水稻田有两块，一块面积是 9,236 平方米，另一块紧邻北侧地的面积是 1,444 平方米，总计 10,680 平方米，核算为 16.02 亩。双方均自认 2013 年每亩能收割去壳的粘水稻 1,000 斤，每亩能收割带壳的粘水稻 1,500 斤，每斤带壳粘水稻的价格是 1.4 元至 1.5 元。

归纳双方当事人的诉辩主张，本案的主要争议焦点为：1. 涉案土壤污染是否造成水稻减产，与水稻田里的鸡粪水是否存在因果关系；2. 涉案土壤污染事故的损失范围和数额。

（二）裁判结果

法院依照《中华人民共和国侵权责任法》第七条、第十九条、第六十五条、第六十六条，《最高人民法院关于民事诉讼证据的若干规定》第二条之规定，判决如下：

一、待本判决发生法律效力，被告杜某立即赔偿原告田某粘水稻减产的损失 12,621.09 元；

二、驳回原告田某其他诉讼请求。

如果未按本判决指定的期间履行给付金钱义务，应依照《中华人民共和国民事诉讼法》第二百五十三条之规定，加倍支付迟延履行期间的债务利息。

案件受理费 424 元（原告已预交），由原告负担 109 元，被告负担 315 元。

如不服本判决，可在判决书送达之日起十五日内，向法院递交上诉状，并按对方当事人的人数提出副本，上诉于黑龙江省哈尔滨市中级人民法院。

（三）与案例相关的问题

对土壤污染源、损害结果等证据，法院能否主动调查收集？相关法律依据是什么？

田某作为原告，享有什么诉讼权利？

本案中，田某起诉，法院受理案件后，是否可以进行调解？如果可以，如何进行调解？

如果杜某对一审裁判结果不服，因不可抗拒的事由耽误了上诉，有没有补救措施？

如果杜某对一审法院判决不服，可以通过哪些方式进行救济？

杜某可以向哪些法院提起上诉？

二、相关知识

问：对土壤污染源、损害结果等证据，法院能否主动调查收集？相关法律依据是什么？

答：法院调查收集证据，是指在民事诉讼中，当事人对自己提出的主张，有责任提供证据。当事人及其诉讼代理人因客观原因不能自行收集的证据，或者法院认为审理案件需要的证据，应当由法院调查收集。

法院调查收集证据分两种情况：一是根据当事人的申请调查收集；另一种情况是当事人没有申请调查收集，是法院认为审理案件需要的证据，主动调查收集。

《中华人民共和国民事诉讼法》第六十四条规定："当事人对自己提出的主张，有责任提供证据。当事人及其诉讼代理人因客观原因不能自行收集的证据，或者人民法院认为审理案件需要的证据，人民法院应当调查收集。"

本案中，土壤污染源、损害结果等证据，就是法院认为审理案件需要的证据，是法院主动调查收集的。

"法院认为审理案件需要的证据"有具体范围，《最高人民法院关于适用〈中华人民共和国民事诉讼法〉的解释》第九十六条规定："民事诉讼法第六十四条第二款规定的人民法院认为审理案件需要的证据包括：（一）涉及可能损害国家利益、社会公共利益的；（二）涉及身份关系的；（三）涉及民事诉讼法第五十五条规定诉讼的；（四）当事人有恶意串通损害他人合法权益可能的；（五）涉及依职权追加当事人、中止诉讼、终结诉讼、回避等程序性事项的。除前款规定外，人民法院调查收集证据，应当依照当事人的申请进行。"

三、与案件相关的法律问题

（一）学理知识

问：田某作为原告，享有什么诉讼权利？

答：根据《中华人民共和国民事诉讼法》的有关规定，在民事诉讼过程中，原告人享有如下诉讼权利：

1. 有向法院提起民事诉讼的权利；有委托代理人进行诉讼的权利；有使用本民族语言、文字进行诉讼的权利；有申请审判人员、书记员、鉴定人、勘验人、翻译人员回避的权利。

2. 有向法院申请采取诉讼保全措施的权利；在追索赡养费、抚养费、抚育费、抚恤金、医疗费用以及追索劳动报酬或其他需要先行给付的案件诉讼中，有请求法院裁定先行给付的权利；有撤销或变更诉讼请求的权利；有请求调解或与被告人达成协议，自行和解结案的权利。

3. 经法院许可，可以查阅本案的庭审材料，请求自费复制本案的庭审材料和法律文书（涉及国家机密或公民隐私的材料除外）。

4. 在法庭上可提出新证据；经法庭许可可向证人、鉴定人、勘验人发问，可要求重新进行鉴定、调查或者勘验。

5. 在法庭上有权与被告人及其他诉讼参与人进行辩论；法庭辩论结束后，有发表最后意见的权利。

6. 有权阅读法庭笔录，如认为对自己的陈述记载确有遗漏或差错的，有权申请补正。

问：本案中，田某起诉，法院受理案件后，是否可以进行调解？

如果可以，如何进行调解？

答：可以进行调解。人民法院审理民事案件，根据当事人自愿的原则，在事实清楚的基础上，分清是非，进行调解。

人民法院进行调解，可以由审判员一人主持，也可以由合议庭主持，并尽可能就地进行。人民法院进行调解，可以用简便方式通知当事人、证人到庭。人民法院进行调解，可以邀请有关单位和个人协助。被邀请的单位和个人，应当协助人民法院进行调解。

调解达成协议，人民法院应当制作调解书。调解书应当写明诉讼请求、案件事实和调解结果。

问：如果杜某对一审裁判结果不服，因不可抗拒的事由耽误了上诉，有没有补救措施？

答：有补救措施。根据《中华人民共和国民事诉讼法》的规定，当事人因不可抗拒的事由或者其他正当理由耽误上诉期限的，在障碍消除后的十日内，可以申请顺延期限，是否准许，由人民法院决定。

但需要注意的是，并不是申请就可以补救，最终的决定权在法院。只有法院准许了顺延申请，杜某才能够达到顺延诉讼期限的目的。

问：如果杜某对一审法院判决不服，可以通过哪些方式进行救济？

答：杜某可以提起上诉、申请再审。

对于未生效的判决，杜某可以提起上诉。当事人不服地方人民法院第一审判决的，有权在判决书送达之日起十五日内向上一级人民法院提起上诉。

对于生效的判决，杜某可以申请再审。当事人对已经发生法律效力的判决、裁定，认为有错误的，可以向上一级人民法院申请再审；当事人一方人数众多或者当事人双方为公民的案件，也可以向原审人民法院申请再审。

杜某应当通过书面方式提起上诉。上诉应当递交上诉状。上诉状的内容应当包括当事人的姓名、法人的名称及其法定代表人的姓名或者其他组织的名称及其主要负责人的姓名、原审人民法院名称、案件的编号和案由、上诉的请求和理由。

问：杜某可以向哪些法院提起上诉？

答：杜某可以向原审人民法院或第二审人民法院提起上诉。

上诉状应当通过原审人民法院提出，并按照对方当事人或者代表人的人数提出副本。当事人直接向第二审人民法院上诉的，第二审人民法院应当在五日内将上诉状移交原审人民法院。

（二）法院裁判的理由

法院认为，因污染环境造成损害的，污染者应当承担侵权责任。本案被告在其承包地中挖鸡粪池贮存大量鸡粪，长期露天堆放，并在大雨天气，违反法律规定，将鸡粪污水排到水渠，污染了原告承包的水稻田，造成农田污染，导致粘水稻大幅减产，构成环境污染侵权。该事故被告负全部责任。故原告请求判令被告赔偿粘水稻减产部分的损失 12,621.09 元有理，法院应予支持。

关于原告请求被告赔偿已收割粘水稻的损失部分，因没有事实依据和法律依据，法院不予支持。关于被告不承认排放鸡粪污水及鸡粪水污染水稻田的污染行为和水稻减产的损害后果之间存在因果关系的抗辩，因未能提供证据证实，没有事实和法律依据，法院不予支持。

（三）法院裁判的法律依据

《侵权责任法》

第三条 被侵权人有权请求侵权人承担侵权责任。

第十五条第一款第（六）项 承担侵权责任的方式主要有：

（六）赔偿损失。

第七条　行为人损害他人民事权益，不论行为人有无过错，法律规定应当承担侵权责任的，依照其规定。

第十九条　侵害他人财产的，财产损失按照损失发生时的市场价格或者其他方式计算。

第六十五条　因污染环境造成损害的，污染者应当承担侵权责任。

第六十六条　因污染环境发生纠纷，污染者应当就法律规定的不承担责任或者减轻责任的情形及其行为与损害之间不存在因果关系承担举证责任。

《最高人民法院关于民事诉讼证据的若干规定》

第二条　当事人对自己提出的诉讼请求所依据的事实或者反驳对方诉讼请求所依据的事实有责任提供证据加以证明。

没有证据或者证据不足以证明当事人的事实主张的，由负有举证责任的当事人承担不利后果。

（四）上述案例的启示

本案受害人田某的部分诉讼请求，法院给予支持，是因为他履行了作为环境污染受害人的举证责任。

《中华人民共和国侵权责任法》第六十五条规定："因污染环境造成损害的，污染者应当承担侵权责任。"

《最高人民法院关于审理环境侵权责任纠纷案件适用法律若干问题的解释》第六条　"被侵权人根据侵权责任法第六十五条规定请求赔偿的，应当提供证明以下事实的证据材料：（一）污染者排放了污染物；（二）被侵权人的损害；（三）污染者排放的污染物或者其次生污染物与损害之间具有关联性。"

本案是污染环境的侵权行为，案由是土壤污染责任纠纷。环境污染责任需具备以下三个要件：（1）有环境污染行为；（2）有客观的损害事实;(3)有因果关系。

受害人对存在环境污染行为、存在客观损害事实以及环境污染行为与损害事实之间存在某种程度的可能性承担举证责任。

受害人提供上述证据后,法院就推定加害人的污染行为与受害人的损失之间存在因果关系,举证责任就转移到加害人一方。污染者应当就污染事实不存在、法律规定的不承担责任或者减轻责任的情形及其行为与损害结果之间不存在因果关系承担举证责任。

具体到本案,原告对被告存在土壤污染行为、粘水稻具体损失情况、被告污染行为与原告损失之间有关联性承担举证责任。原告提交的资料和照片与法院现场勘查和调查核实的事实相符,证明被告向原告承包的水稻田排放大量鸡粪水的事实,被鸡粪水污染过的水稻经收割后大幅减产。据一般生活经验,过多的肥料将对农作物正常生长有害,可认定鸡粪水污染土壤是水稻大幅减产的原因。

而污染者没能就法律规定的不承担责任的情形及其行为与损害之间不存在因果关系提供证据。

案例三　电镀厂污染土壤，检察院提起诉讼

一、引子和案例

（一）案例简介

本案是由检察院做公益诉讼人，与被告刘某、随某就土壤污染责任纠纷进行的环境民事公益诉讼案件。

自 2015 年 3 月起，被告刘某、随某在西安市某村租赁场地私开电镀厂进行电镀加工，并在未配置任何废水处理设施且未取得排污许可证的情况下，在电镀厂东北角和西北角各挖一个渗坑，将大量未经处理的废水直接排入渗坑。

2015 年 7 月 16 日，市环境保护局、市公安局进行执法检查时，发现刘某、随某的违法排污行为，将二人当场抓获。

经市环境监测站监测，两个渗坑内废水总锌含量、pH 值严重超出国家电镀污染物排放标准，受污染土壤的锌浓度超出《土壤环境质量标准》（GB15618—1995）二级标准限值。

2016 年 5 月 17 日，区法院作出刑事判决，判决刘某、随某污染环境罪，分别判处有期徒刑一年，并处罚金 2 万元。

公益诉讼起诉人认为二被告实施了污染环境的行为，造成土壤严

重污染，损害了社会公共利益，根据《中华人民共和国环境保护法》第六十四条、《中华人民共和国侵权责任法》第六十五条之规定，应当承担环境污染损害修复赔偿责任。

2017年12月12日，公益诉讼起诉人委托具有专门知识的四位专家对电镀厂土壤环境污染修复工作进行技术评估。

四位专家出具的《电镀厂土壤环境污染修复治理意见》载明，排入渗坑废水中超出《电镀污染物排放标准》（GB21900—2008）的锌，是造成土壤环境锌污染的直接原因。结合以上土壤污染超标范围，估算出土壤污染体积在 $238 \sim 305m^3$ 之间。受污染土壤可以修复到《土壤环境质量标准》（GB15618—1995）二级标准要求，依据该标准，电镀厂锌污染修复总费用在 240,400 ～ 344,000 元之间。

公益诉讼起诉人根据该情况，于2018年1月18日增加诉讼请求：如二被告不能修复土壤，请求判令承担24万元的修复治理费用。2018年3月5日，公益诉讼人申请变更诉讼请求，将治理费用变更为 253,300 元。

（二）裁判结果

法院依照《中华人民共和国侵权责任法》第八条、第十五条、第六十五条，《最高人民法院关于审理环境侵权责任纠纷案件适用法律若干问题的解释》第一条、第十三条，《最高人民法院关于审理环境民事公益诉讼案件适用法律若干问题的解释》第十五条、第十八条、第二十条、第二十二条、第二十三条之规定，判决如下：

被告刘某、随某自本判决生效后十日内，共同赔偿生态环境修复费用人民币 253,300 元，并承担连带责任。

如果未按本判决指定的期间履行给付金钱义务，应当依照《中华人民共和国民事诉讼法》第二百五十三条之规定，加倍支付迟延履行期间的债务利息。

案件受理费 5,099.5 元，由被告刘某、随某共同负担。

如不服本判决，可以在判决书送达之日起十五日内，向法院递交上诉状，并按照对方当事人或者代表人的人数提出副本，上诉于陕西省高级人民法院。

（三）与案例相关的问题

什么是连带责任？

什么是公益诉讼？

什么是检察院提起的民事公益诉讼？

检察院提起民事公益诉讼的法律依据主要有哪些？

公益诉讼案件中出庭检察人员应履行哪些职责？

检察院提起民事公益诉讼应当提交哪些材料？

作为本案公益起诉人的检察院可否申请回避？回避的法定情形有哪些？回避制度适用于哪些人员？

受到本案中的侵害而遭受损失的人，是否可以在本案外提起侵权之诉？

本案是否可以调解结案？

二、相关知识

问：什么是连带责任？

答：法院判决刘某、随某自判决生效后十日内，共同赔偿生态环境修复费用人民币 253,300 元，并承担连带责任。

连带责任是指两个或者两个以上当事人对其共同债务全部承担或部分承担，并能因此引起其内部债务关系的一种民事责任。债务人之间对债务的承担有连带关系，债权人可以向一个债务人主张全部债权，也可以主张部分债权。

依据内容之不同，连带责任分为违约连带责任与侵权连带责任。违约连带责任是指当事人共同违反合同规定而产生的连带责任；侵权连带责任，是指当事人共同侵权行为造成损害发生而产生的连带责任。

侵权连带责任必须具备共同侵权行为、当事人在主观上有共同过错、客观上存在损害事实，以及侵权行为与损害事实之间有因果关系四个要件。

本案中，法院判决刘某、随某共同赔偿生态环境修复费用人民币253,300元，并承担连带责任，就是侵权连带责任。

《中华人民共和国侵权责任法》第八条规定："二人以上共同实施侵权行为，造成他人损害的，应当承担连带责任。"

三、与案件相关的法律问题

（一）学理知识

问：什么是公益诉讼？

答：公益诉讼是指特定的国家机关、相关的组织或个人，根据法律的规定授权，对违反法律法规，侵犯国家利益、社会利益或特定的他人利益的行为，向法院起诉，由法院依法追究法律责任的诉讼活动。

按照适用的诉讼法的性质或者被诉对象（客体）的不同，公益诉讼可分为民事公益诉讼和行政公益诉讼；按照提起诉讼的主体的不同，公益诉讼可分为检察机关提起的公益诉讼和其他社会团体或个人提起的公益诉讼。

问：什么是检察院提起的民事公益诉讼？

答：检察院提起的民事公益诉讼是指检察院在履行职责中发现破坏生态环境和资源保护、食品药品安全领域侵害众多消费者合法权益等损害社会公共利益的行为，在没有法律规定的机关和有关组织或者法律规定的机关和有关组织不提起诉讼的情况下，向法院提起的民事诉讼。

问：检察院提起民事公益诉讼的法律依据主要有哪些？

答：检察院提起民事公益诉讼的法律依据主要有《中华人民共和国民事诉讼法》第五十五条、《最高人民法院、最高人民检察院关于检察公益诉讼案件适用法律若干问题的解释》。

问：公益诉讼案件中出庭检察人员应履行哪些职责？

答：法院开庭审理检察院提起的公益诉讼案件，检察院应当派员出庭，出庭检察人员应履行以下职责：

1. 宣读公益诉讼起诉书；

2. 对人民检察院调查收集的证据予以出示和说明，对相关证据进行质证；

3. 参加法庭调查，进行辩论并发表意见；

4. 依法从事其他诉讼活动。

问：检察院提起民事公益诉讼应当提交哪些材料？

答：人民检察院提起民事公益诉讼应当提交下列材料：

1. 民事公益诉讼起诉书，并按照被告人数提出副本；

2. 被告的行为已经损害社会公共利益的初步证明材料；

3. 检察机关已经履行公告程序的证明材料。

问：作为本案公益起诉人的检察院可否申请回避？回避的法定情形有哪些？回避制度适用于哪些人员？

答：作为本案公益起诉人的检察院可以申请回避。回避的法定情形如下：

1. 审判人员有下列情形之一的，应当自行回避，当事人有权用口头或者书面方式申请他们回避：

（1）是本案当事人或者当事人、诉讼代理人近亲属的；

（2）与本案有利害关系的；

（3）与本案当事人、诉讼代理人有其他关系，可能影响对案件公正审理的。

2. 审判人员接受当事人、诉讼代理人请客送礼，或者违反规定会见当事人、诉讼代理人的，当事人有权要求他们回避。

回避制度适用于书记员、翻译人员、鉴定人、勘验人。

问：受到本案中的侵害而遭受损失的人，是否可以在本案外提起侵权之诉？

答：可以。《最高人民法院关于审理环境民事公益诉讼案件适用法律若干问题的解释》中规定，法律规定的机关和社会组织提起环境民事公益诉讼的，不影响因同一污染环境、破坏生态行为受到人身、财产损害的公民、法人和其他组织依据《民事诉讼法》第一百一十九条的规定提起诉讼。

问：本案是否可以调解结案？

答：可以。环境民事公益诉讼当事人达成调解协议或者自行达成和解协议后，人民法院应当将协议内容公告，公告期间不少于三十日。

公告期满后，人民法院审查认为调解协议或者和解协议的内容不损害社会公共利益的，应当出具调解书。当事人以达成和解协议为由申请撤诉的，不予准许。

（二）法院裁判的理由

1. 对公益诉讼起诉人有关判令二被告承担共同赔偿责任的请求予以支持。

根据《中华人民共和国侵权责任法》、《最高人民法院关于审理环境民事公益诉讼案件适用法律若干问题的解释》的相关规定，因污染环境造成损害的，污染者应当承担侵权责任；二人以上共同实施侵权行为，造成他人损害的，应当承担连带责任；对污染环境、破坏生态，已经损害社会公共利益或者具有损害社会公共利益重大风险的行为，原告可以请求被告承担停止侵害、恢复原状、赔偿损失等民事责任。

本案中，被告刘某、随某在不具备电镀加工资质的情况下，共同出资私自开办电镀厂，将电镀后产生的废水未经任何处理直接排放到其私挖的渗坑内，造成土壤严重污染，其行为已构成违法，应当就本案的生态环境损害后果承担相应的民事赔偿责任。

虽然在相关的刑事案件中已经对二被告进行了刑事处罚，但刑事处罚不能免除民事责任。因二被告共同出资办厂，共同经营收益，共同实施排污污染行为，故应共同承担相应的民事赔偿责任并承担连带责任。

2. 为确保生态环境损害尽快得到修复，本案直接确定被告承担生态环境修复费用。

根据《最高人民法院关于审理环境民事公益诉讼案件适用法律若干问题的解释》的相关规定，对污染环境、破坏生态，已经损害社会公共利益或者具有损害社会公共利益重大风险的行为，原告可以请求被告承担停止侵害、恢复原状、赔偿损失等民事责任。人民法院可以在判决被告修复生态环境的同时，确定被告不履行修复义务时应承担的生态环境修复费用，也可以直接判决被告承担生态环境修复费用。

本案中，具有专门知识的专家已经提供意见确认被污染土壤可以修复至《土壤环境质量标准》（GB15618—1995）二级标准。为确保生态环境损害尽快得到修复，本案直接确定被告承担生态环境修复费用，这样比要求恢复原状更为适宜。

3. 本案中，具有专门知识的人出具意见证明土壤修复费用在240,400～344,000元之间，生态环境损害调查、鉴定评估、修复后评估等费用预估总额在 5～10 万元之间，故本案的生态环境修复费用共计在 253,300～344,000 元之间，而公益诉讼起诉人主张二被告赔偿最低数额的修复费用，即 253,300 元符合法律规定，法院予以支持。

（三）法院裁判的法律依据

《中华人民共和国侵权责任法》

第八条 二人以上共同实施侵权行为，造成他人损害的，应当承担连带责任。

第十五条 承担侵权责任的方式主要有：

（一）停止侵害；

（二）排除妨碍；

（三）消除危险；

（四）返还财产；

（五）恢复原状；

（六）赔偿损失；

（七）赔礼道歉；

（八）消除影响、恢复名誉。

以上承担侵权责任的方式，可以单独适用，也可以合并适用。

第六十五条 因污染环境造成损害的，污染者应当承担侵权责任。

《最高人民法院关于审理环境侵权责任纠纷案件适用法律若干问题的解释》

第一条 因污染环境造成损害，不论污染者有无过错，污染者应当承担侵权责任。污染者以排污符合国家或者地方污染物排放标准为由主张不承担责任的，人民法院不予支持。

污染者不承担责任或者减轻责任的情形，适用海洋环境保护法、水污染防治法、大气污染防治法等环境保护单行法的规定；相关环境保护单行法没有规定的，适用侵权责任法的规定。

第十三条　人民法院应当根据被侵权人的诉讼请求以及具体案情，合理判定污染者承担停止侵害、排除妨碍、消除危险、恢复原状、赔礼道歉、赔偿损失等民事责任。

《最高人民法院关于审理环境民事公益诉讼案件适用法律若干问题的解释》

第十八条　对污染环境、破坏生态，已经损害社会公共利益或者具有损害社会公共利益重大风险的行为，原告可以请求被告承担停止侵害、排除妨碍、消除危险、恢复原状、赔偿损失、赔礼道歉等民事责任。

第二十条　原告请求恢复原状的，人民法院可以依法判决被告将生态环境修复到损害发生之前的状态和功能。无法完全修复的，可以准许采用替代性修复方式。

人民法院可以在判决被告修复生态环境的同时，确定被告不履行修复义务时应承担的生态环境修复费用；也可以直接判决被告承担生态环境修复费用。

生态环境修复费用包括制定、实施修复方案的费用和监测、监管等费用。

第二十二条　原告请求被告承担检验、鉴定费用，合理的律师费以及为诉讼支出的其他合理费用的，人民法院可以依法予以支持。

第二十三条　生态环境修复费用难以确定或者确定具体数额所需鉴定费用明显过高的，人民法院可以结合污染环境、破坏生态的范围和程度、生态环境的稀缺性、生态环境恢复的难易程度、防治污染设备的运行成本、被告因侵害行为所获得的利益以及过错程度等因素，并可以参考负有环境保护监督管理职责的部门的意见、专家意见等，予以合理确定。

《中华人民共和国民事诉讼法》

第二百五十三条 被执行人未按判决、裁定和其他法律文书指定的期间履行给付金钱义务的，应当加倍支付迟延履行期间的债务利息。被执行人未按判决、裁定和其他法律文书指定的期间履行其他义务的，应当支付迟延履行金。

（四）上述案例的启示

人民检察院在履行职责中发现破坏生态环境和资源保护、食品药品安全领域侵害众多消费者合法权益等损害社会公共利益的行为，可以提起民事公益诉讼；拟提起公益诉讼的，应当依法公告，公告期间为三十日。《最高人民法院、最高人民检察院关于检察公益诉讼案件适用法律若干问题的解释》第十三条规定了提起民事公益诉讼的诉前程序，即在提起民事公益诉讼前，应当依法公告。

案例四 山地被堆放货物，竟是固废硫酸钠

一、引子和案例

（一）案例简介

本案是固体废物污染土地而引起的民事纠纷。

2009 年 4 月 22 日，被告某工贸公司作为乙方与作为甲方的某资源公司及作为小甲方（合同约定）的钒制品厂签订了《硫酸钠资源供应协议》，协议约定甲方在两年内向乙方无偿供应 4～5 万吨硫酸钠，并支付运输补贴，补贴标准为每吨 32 元。2009 年 6 月 23 日，某工贸公司、某资源公司、钒制品厂重新签订了《硫酸钠资源供应协议》，但协议具体内容未作大的变更和增加，变更内容为"并支付运输费每吨 33.12 元（含税）"，增加内容为"甲乙双方 2009 年 4 月 22 日签订的《硫酸钠资源供应协议》同时作废"。

2009 年 4 月 23 日，石某与某工贸公司的法定代表人签订了《场地租用协议》，协议约定将位于某处的土地由石某开垦，石某将具有使用权的面积为 4,663.79 平方米的场地出租给某工贸公司堆放货物。《场地租用协议》签订后，2009 年至 2010 年，某工贸公司将钒制品厂生产的 3 万余吨硫酸钠运输至该场地堆放。

2012 年 7 月 11 日，县环境保护局接到群众投诉，反映石某堆场中有大量硫酸钠，污染了土地。2012 年 9 月 24 日，市环境保护局组织县环境保护局等相关部门和人员，召开工作会议，决定由某资源公司负责处置固体污染物，并于 2013 年 1 月 21 日前将硫酸钠全部转运至新的堆放场安全堆放。

原告石某就被土地污染的恢复及赔偿事项与被告方协商未果，向法院提起诉讼。在诉讼中，原告石某申请市精图测绘有限责任公司对涉案土地面积进行测量，测量地块面积为 4,663.79 平方米，涉案土地面积测量费 8,000 元由石某垫付；涉案土地经农业司法鉴定中心鉴定，其鉴定意见为修复至正常耕种用地所需费用为人民币 366,194 元，鉴定费 12 万元由石某垫付。

石某向法院请求判令：1. 由某工贸公司、某资源公司、某钒业公司连带赔偿原告被污染土地修复至正常耕种用地费 366,194 元、土地恢复期间的耕种损失费 292,004.16 元、鉴定费和测量费 128,000 元，合计 786,198.16 元；2. 由三被告承担本案诉讼费。

被告某工贸公司辩称：原告的陈述属实。2009 年某资源公司作为甲方，钒制品厂作为小甲方（合同中所约定）与自己（乙方）签订硫酸钠资源供应协议时，由于某资源公司隐瞒了硫酸钠的污染性和危害性，自己为获取运费补助，才签订了协议，故对污染物造成的损失，亦应由某资源公司方面承担赔偿责任。

被告某资源公司辩称：1. 原告的主体不适格，不是涉案土地的承包经营者；2. 公司已将产品出售给被告某工贸公司，应该由某工贸公司承担土地被污染的责任；3. 原告主张的损失没有确凿的法律支持；4. 原告主张的涉案土地属于耕地的理由即硫酸钠堆放前的状况与客观事实不符；5. 钒制品厂是某资源公司的生产车间，钒制品厂的行为由某资源公司承担。综上，请依法驳回原告的诉讼请求。

被告某钒业公司辩称：1.钒业公司与被告资源公司的答辩意见一致；2.钒制品厂仅是资源公司下属的一个生产车间，无独立的主体资格，其行为责任应由资源公司承担；某钒业公司是2012年新成立的具有独立主体资格的公司，不是本案的适格被告。综上，请依法驳回原告对某钒业公司的全部诉讼请求。

通过庭审质证，各方发表了质证意见。

依据当事人的陈述和法院依法采信的证据，法院确认以下法律事实：

钒制品厂是本案的第二被告某资源公司的下属部门，无独立的法人资格。

钒业公司成立于2012年3月31日，是某资源公司投资成立的全资子公司，具有独立的法人资格。

另查明，被污染土地，即涉案土地，是由石某开垦的，虽无土地承包经营权证，但村民小组视为其承包经营，承认石某对该土地具有使用权、收益权；且该村民小组及村委会同意由石某对涉案土地主张污染赔偿的权利，石某对被污染土地主张赔偿后，村委会、村民小组不再对涉案土地主张污染赔偿。

（二）裁判结果

依照《中华人民共和国固体废物污染环境防治法》、《中华人民共和国侵权责任法》、《中华人民共和国民事诉讼法》等相关规定，判决如下：

一、由被告某资源公司、被告某工贸公司在本判决生效之日起10日内，连带赔偿原告石某土地修复费366,194元、鉴定费128,000元，合计494,194元；

二、驳回原告石某要求被告某钒业公司承担赔偿责任的诉讼请求；

三、驳回原告石某的其他诉讼请求。

如果未按本判决指定的期间履行给付金钱义务，应当按照《中华人民共和国民事诉讼法》第二百五十三条之规定，加倍支付迟延履行期间的债务利息。

案件受理费 11,691.98 元，由原告石某承担 2,979.07 元，由被告某资源公司、某工贸公司共同承担 8,712.91 元。

如不服本判决，可在判决书送达之日起十五日内，向法院递交上诉状，并按对方当事人的人数提出副本，上诉于市中级人民法院。

（三）与案例相关的问题

什么是共同加害行为？

对污染土壤行为进行举报的法律依据是什么？

为预防土壤污染，国家鼓励和支持农业生产者采取哪些措施？

发生土壤污染纠纷，需要起诉的，应当符合什么条件？

在土壤污染纠纷中，起诉状应当列明哪些事项？

在哪些例外的情况下，非民事法律关系和民事权利的主体也可以作为适格的当事人？

二、相关知识

问：什么是共同加害行为？

答：法院判决由被告某资源公司、被告某工贸公司连带赔偿原告石某土地修复费 366,194 元、鉴定费 128,000 元，合计 494,194 元。法院判决两被告承担连带责任，是因为两被告对原告实施了共同加害行为。

共同加害行为是指两个以上的行为人，基于共同过错，或者没有共同过错，但其侵害行为直接结合发生同一损害后果，致使他人人身或财产受损的行为。共同加害行为构成共同侵权行为。

《中华人民共和国侵权责任法》第八条规定：二人以上共同实施侵权行为，造成他人损害的，应当承担连带责任。

共同加害行为表现出如下特征：

1. 共同侵权行为的加害主体必须为两人或两人以上。共同侵权行为人可以是自然人也可以是法人。

2. 共同侵权行为要求行为人基于共同过错，或者没有共同过错，但其侵害行为直接结合发生同一损害后果。

3. 共同侵权行为造成的损害结果是同一的。各个行为人的行为分别造成不同的损害后果不构成共同侵权行为。

4. 共同侵权的行为是造成损害结果的共同原因，有主要原因、次要原因；有直接原因、间接原因。

本案中，两被告人的行为都有过错，致使原告财产受损，是共同侵权。

三、与案件相关的法律问题

（一）学理知识

问：对污染土壤行为进行举报的法律依据是什么？

答：土壤污染会引起土壤化学、物理、生物等方面特性的改变，影响土壤功能和有效利用，危害公众健康或者破坏生态环境。对污染土壤的行为进行举报，不仅是对违法行为的制止，而且是保护公众健康、保护生态环境的具体体现。

对污染土壤行为进行举报的法律依据为《中华人民共和国土壤污染防治法》第八十四条："任何组织和个人对污染土壤的行为，均有向生态环境主管部门和其他负有土壤污染防治监督管理职责的部门报告或者举报的权利。生态环境主管部门和其他负有土壤污染防治监督管理职责的部门应当将土壤污染防治举报方式向社会公布，方便公众举报。接到举报的部门应当及时处理并对举报人的相关信息予以保密；对实名举报并查证属实的，给予奖励。举报人举报所在单位的，该单位不得以解除、变更劳动合同或者其他方式对举报人进行打击报复。"

问：为预防土壤污染，国家鼓励和支持农业生产者采取哪些措施？

答：为预防土壤污染，国家鼓励和支持农业生产者采取下列措施：

1. 使用低毒、低残留农药以及先进喷施技术；

2. 使用符合标准的有机肥、高效肥；

3. 采用测土配方施肥技术、生物防治等病虫害绿色防控技术；

4. 使用生物可降解农用薄膜；

5. 综合利用秸秆、移出高富集污染物秸秆；

6. 按照规定对酸性土壤等进行改良。

问：发生土壤污染纠纷，需要起诉的，应当符合什么条件？

答：污染土壤造成他人人身或者财产损害的，应当依法承担侵权责任。土壤污染引起的民事纠纷，当事人可以向地方人民政府生态环境等主管部门申请调解处理，也可以向人民法院提起诉讼。

起诉是指公民、法人或其他组织，认为自己的民事权益受到侵犯或与他人发生争议，以自己的名义向法院提出诉讼，要求法院予以审判的诉讼行为。

起诉应当具备下列条件：

1. 原告是与本案有直接利害关系的公民、法人或其他组织。原告是指为维护自己的民事权益以自己的名义向法院起诉，请求法院行使审判权解决民事纠纷的公民、法人或其他组织。

2. 有明确的被告。被告是指被原告诉称侵犯原告民事权益或与原告发生民事争议，由法院通知应诉的公民、法人或其他组织。

3.有具体的诉讼请求和事实、理由。原告向法院提起诉讼，必须提出请求法院予以保护的民事权益的具体内容、应受到法律保护的事实根据和理由。

4.属于法院受理民事诉讼的范围和受诉法院管辖。不属于法院受理民事案件的范围，法院对案件没有审判权，法院不应受理；法院对案件没有管辖权，起诉就不能成立。

本案原告石某向法院提起诉讼，让被告承担污染土壤的侵权责任，符合起诉条件。

问：在土壤污染纠纷中，起诉状应当列明哪些事项？

答：起诉应当向法院递交起诉状，并按照被告人数提出副本。书写起诉状确有困难的，可以口头起诉，由法院记入笔录，并告知对方当事人。

起诉状应包括以下内容：

1.原告基本情况。包括原告的姓名、性别、年龄、民族、职业、工作单位、住所和联系方式；法人或其他组织的名称、住所和法定代表人或者主要负责人的姓名、职务和联系方式。

2.被告基本情况。包括被告的姓名、性别、工作单位、住所等信息，是法人或其他组织的，应写明其名称、住所等信息。

3.诉讼请求和所依据的事实与理由。诉讼请求应当明确具体，所依据的事实应当充分客观，理由应当充分。

4.证据和证据来源，证人姓名和住所。当事人对自己的诉讼主张有责任提供证据。

此外，起诉状还应写明受诉法院的全称和起诉的具体日期，并由原告签名或盖章。

问：在哪些例外的情况下，非民事法律关系和民事权利的主体也可以作为适格的当事人？

答：非民事法律关系和民事权利的主体也可以作为适格的当事人，有以下几种情况：

第一，根据当事人的意思或法律的规定，对他人的民事法律关系或民事权利享有管理权的人或组织。如破产程序中的管理人、遗产管理人、遗嘱执行人，当这些民事法律关系和民事权利发生争议，这些人或组织可以以自己的名义起诉、应诉。

第二，在确认之诉中，对诉讼标的有确认利益的人或组织。在确认之诉中，对适格当事人的判断，要看该当事人对该争议的法律关系的解决是否有法律上的利害关系，例如在消极的确认之诉中，原告只要对该诉讼标的有确认利益，就可以成为适格的当事人，而被告只要对原告诉讼标的的法律关系有争议，就可以成为适格被告。

第三，在公益诉讼中，根据法律规定和司法解释的规定，环境保护法、消费者权益保护法等法律规定的机关和有关组织，以及检察机关，可以作为适格的原告提起诉讼。

（二）法院裁判的理由

法院认为，根据《中华人民共和国固体废物污染环境防治法》第八十六条"因固体废物污染环境引起的损害赔偿诉讼，由加害人就法律规定的免责事由及其行为与损害结果之间不存在因果关系承担举证责任"之规定，本案中某资源公司明知固体废物硫酸钠具有污染性，仍将其交由无处置资质的某工贸公司堆放，而某工贸公司亦明知自身无处置能力却为获取每吨 33.12 元的运费，将固体废物硫酸钠运输至涉案土地堆放，两公司的行为均违反了国家保护环境防止污染的规定。且二被告未提供证据证明其行为与涉案土地被污染的损害结果之间不存在因果关系，二被告共同造成涉案土地被污染，原告要求由二被告承担连带责任的主张，符合《中华人民共和国侵权责任法》第八条"二人以上共同实施侵权行为，造成他人损害的，应当承担连带责任"的规定，应当予以支持。

关于被告提出原告石某不是本案适格原告的问题，经审理查明，原告石某对涉案土地具有使用、收益的权利，是本案适格的原告，故对被告的该抗辩意见不予采纳。

关于某钒业公司辩解其成立于 2012 年 3 月 31 日，不是本案适格被告的抗辩意见，与本案查明的事实一致，故依法予以支持。

关于原告石某要求被告赔偿其土地恢复期间的耕种损失费292,004.16 元的问题，因该数据是估算值，无其他证据予以证明，故在本案中不予处理。

综上，对原告诉请被污染土地修复至正常耕种用地费 366,194 元、鉴定费 128,000 元的主张，法院依法予以支持。

（三）法院裁判的法律依据

《中华人民共和国民事诉讼法》

第二百五十三条 被执行人未按判决、裁定和其他法律文书指定的期间履行给付金钱义务的，应当加倍支付迟延履行期间的债务利息。被执行人未按判决、裁定和其他法律文书指定的期间履行其他义务的，应当支付迟延履行金。

《中华人民共和国固体废物污染环境防治法》

第八十六条 因固体废物污染环境引起的损害赔偿诉讼，由加害人就法律规定的免责事由及其行为与损害结果之间不存在因果关系承担举证责任。

《中华人民共和国侵权责任法》

第八条 二人以上共同实施侵权行为，造成他人损害的，应当承担连带责任。

（四）上述案例的启示

当事人适格对案件的原告和被告都有非常重要的意义。

当事人适格，又称正当当事人，是指对于具体的诉讼，有本案当事人起诉或应诉的资格。

当事人适格与诉讼权利能力不同。诉讼权利能力是作为抽象的诉讼当事人的资格，它与具体的诉讼无关，通常取决于有无民事权利能力。有诉讼权利能力的未必是适格当事人，而适格当事人必须有诉讼权利能力。当事人适格是作为具体的诉讼当事人的资格，是针对具体的诉讼而言的；对于当事人适格与否，要将当事人与具体的诉讼联系起来，看当事人与特定的诉讼标的有无直接联系。

诉讼标的是指当事人之间有争议的，要求法院用裁判解决的法律关系，就是当事人之间的权利义务关系。每个诉讼都有特定的标的，一般由原告的诉讼请求决定。

当事人是否适格，一般情况下，根据其是否为争议的法律关系的主体来判断。如果是争议法律关系的主体，就是适格的当事人，否则就不是。

本案的诉讼标的是污染土壤侵权法律关系，被告是加害人，原告是受害人。原告对涉案土地具有使用、收益的权利，是争议法律关系，即污染土壤侵权法律关系的主体，是适格的当事人，是适格原告。

被告某钒业公司之所以不是适格被告，是因为污染土地侵权行为发生时，它仅是某资源公司下属的一个生产车间，无独立的主体资格，不是本案的适格被告。其行为责任应由某资源公司承担。

案例五　土壤污染起纠纷，一审二审到再审

一、引子和案例

（一）案例简介

本案是土壤污染责任纠纷，经过了一审、二审直到再审。

曾某于 1998 年 6 月 25 日承包了某村村委会发包的土地用于种植经营，承包期限为 1998 年至 2027 年。

2016 年 8 月 10 日，曾某以某村村委会自 2014 年 10 月开始在其承包的土地和水池、水井违法排污，造成其经济损失为由，向一审法院提起诉讼，并提交了省微生物分析检测中心的《分析检测报告》、照片、证明、调解笔录等相关证据。

曾某向一审法院起诉请求：1. 判令某村村委会赔偿其经济损失 81,250 元；2. 判令某村村委会赔偿其为防止污染扩大、消除污染所支付的费用 3,000 元；3. 判令某村村委会将污染的土地恢复到可以耕种和养殖的标准；4. 判令某村村委会承担本案律师费 6,000 元；5. 判令某村村委会赔偿其被侵害 18 个月期间向省、市、县有关部门寻求问题解决所支付的交通费、资料费、差旅费 3,850 元；6. 本案诉讼费用由某村村委会承担；7. 判令某村村委会赔偿水池、水井损坏、后续建设费

15,000 元。

　　一审法院依照《中华人民共和国侵权责任法》、《中华人民共和国民事诉讼法》、《最高人民法院关于民事诉讼证据的若干规定》、《最高人民法院关于审理环境侵权责任纠纷案件适用法律若干问题的解释》、《最高人民法院关于适用〈中华人民共和国民事诉讼法〉的解释》等规定，判决驳回原告曾某的诉讼请求。案件受理费 2,482 元，由原告曾某负担。

　　曾某不服县人民法院的一审民事判决，向中级人民法院提起上诉。二审法院立案后，依法组成合议庭进行了审理。

　　上诉人曾某上诉请求：1. 撤销县人民法院民事判决；2. 判令被上诉人赔偿上诉人经济损失 96,250 元；3. 判令被上诉人赔偿上诉人为防止污染扩大、消除污染支付的费用 3,000 元；4. 判令被上诉人将污染的土地恢复到可以耕种和养殖的标准；5. 判令被上诉人赔偿上诉人被侵害 26 个月期间向省、市、县有关部门寻求问题解决所支付的交通费、资料费、差旅费 3,850 元；6. 本案一、二审诉讼费由被上诉人承担。

　　二审法院依照《中华人民共和国民事诉讼法》的相关规定，判决驳回上诉，维持原判。二审受理费人民币 2,482 元，由上诉人曾某负担。本判决为终审判决。

　　曾某不服市中级人民法院判决，向省高级人民法院申请再审。省高级人民法院依法组成合议庭进行了审查，现已审查终结。

　　曾某申请再审称，他提交的证据足以证明某村村委会排污造成其承包地受污染的事实，某村村委会在一、二审庭审中都承认了 2014 年在曾某承包地铺设排污管道的事实，曾某与某村村委会于 2016 年 5 月 12 日签订的调解书明确了曾某承包地受污染是村委会铺设排污管道导致的，某村村委会应赔偿曾某的经济损失。曾某请求依法予以再审。

（二）裁判结果

再审法院依照《中华人民共和国民事诉讼法》、《最高人民法院关于适用〈中华人民共和国民事诉讼法〉的解释》等相关规定，裁定如下：驳回曾某的再审申请。

（三）与案例相关的问题

在这起土壤污染责任纠纷中，曾某的举证责任是什么？

土壤污染责任纠纷中，可依据哪些权利提起再审？提起再审的主体有哪些？

土壤污染责任纠纷中，申请再审需要哪些条件？

本案的曾某，属于申请再审主体中的什么人？

土壤污染责任纠纷案件，当事人申请再审有哪些情形之一的，法院应当再审？

民事案件申请再审的法定期限是多久？

土壤污染责任纠纷案件，申请再审应当提交哪些必要的材料？

再审申请书的内容应当有哪些？

二、健康、财产损害等问题和解答

问：在这起土壤污染责任纠纷中，曾某的举证责任是什么？

答：在这起土壤污染责任纠纷中，曾某认为自己是受害人，按照法律规定，受害人要承担相应的举证责任。

举证责任是指当事人对自己提出的主张有收集或提供证据的义务，并有运用该证据证明主张的案件事实成立或有利于自己的主张的责任。

《中华人民共和国民事诉讼法》第六十四条第一款规定"当事人对自己提出的主张，有责任提供证据"，《最高人民法院关于适用〈中华人民共和国民事诉讼法〉的解释》第九十条第一款规定"当事人对自己提出的诉讼请求所依据的事实或者反驳对方诉讼请求所依据的事实，应当提供证据加以证明，但法律另有规定的除外"。

不能举证将导致其主张不能成立，原告或被告的请求或抗辩得不到人民法院的支持。《最高人民法院关于民事诉讼证据的若干规定》第二条第二款规定"没有证据或者证据不足以证明当事人的事实主张的，由负有举证责任的当事人承担不利后果"。

《最高人民法院关于审理环境侵权责任纠纷案件适用法律若干问题的解释》第六条规定："被侵权人根据侵权责任法第六十五条规定请求赔偿的，应当提供证明以下事实的证据材料：（一）污染者排放了污染物；（二）被侵权人的损害；（三）污染者排放的污染物或者其次生污染物与损害之间具有关联性。"

根据上述规定，曾某应当就承包的土地被污染以及污染造成的损害程度和污染物或者其次生污染物与损害之间具有关联性承担举证责任。如果没有证据或者证据不足以证明他的主张，曾某会承担不利后果。

三、与案件相关的法律问题

（一）学理知识

问：土壤污染责任纠纷中，可依据哪些权利提起再审？提起再审的主体有哪些？

答：审判监督程序又称"再审程序"，是指对已发生法律效力的判决、裁定、调解书，法院认为确有错误，对案件再行审理的诉讼程序。

提起再审的权利依据有审判监督权、检察监督权和当事人等的诉权。

审判监督程序分两个阶段，即再审的提起阶段和再审的审理阶段。

提起再审的主体不同，对条件和程序的要求也不同。

当事人对已生效裁判，认为确有错误，可以向有关机关申诉，但不能停止裁判的执行。

各级法院院长对本院已生效裁判，发现确有错误，有权提交审判委员会处理。

最高法院对各级法院、上级法院对下级法院已生效裁判，发现确有错误，有权提审或指令下级法院再审。

最高检察院对各级法院已生效的刑事裁判、行政裁判，发现确有错误，有权依审判监督程序提出抗诉。

地方各级检察院发现同级或上级法院已生效裁判确有错误，可报请上级检察院抗诉。

本案中的曾某，是依据当事人的诉权申请再审的。

问：土壤污染责任纠纷中，申请再审需要哪些条件？

答：申请再审是当事人和特定案外人认为已经发生法律效力的民事判决、裁定、调解书有错误，向法院提出再审申请。

《中华人民共和国民事诉讼法》规定，当事人对已经发生法律效力的判决、裁定，认为有错误的，可以向上一级人民法院申请再审；当事人一方人数众多或者当事人双方为公民的案件，也可以向原审人民法院申请再审。当事人申请再审的，不停止判决、裁定的执行。

申请再审的条件是主体必须合法；对象是发生法律效力的判决裁定或调解书；必须有法定的事实和理由；在法定的期限内提出；须向有管辖权的法院提出；应当提交必要的材料。

问：本案的曾某，属于申请再审主体中的什么人？

答：曾某是原审的原告，作为申请再审的主体是合法的。

《中华人民共和国民事诉讼法》第一百九十九条规定："当事人对已经发生法律效力的判决、裁定，认为有错误的，可以向上一级人民法院申请再审；当事人一方人数众多或者当事人双方为公民的案件，也可以向原审人民法院申请再审。当事人申请再审的，不停止判决、裁定的执行。"

第二百零一条规定："当事人对已经发生法律效力的调解书，提出证据证明调解违反自愿原则或者调解协议的内容违反法律的，可以申请再审。经人民法院审查属实的，应当再审。"

从以上规定可以看出，原审中的当事人，即原审中的原告、被告、有独立请求权的第三人和判决其承担义务的无独立请求权的第三人，以及上诉人和被上诉人有权提出申请再审。

假如当事人死亡或者终止的，其权利义务承继者对已经发生法律效力的判决、裁定，认为有错误的，可以向上一级人民法院申请再审；对已经发生法律效力的调解书，提出证据证明调解违反自愿原则或者调解协议的内容违反法律的，可以申请再审。经人民法院审查属实的，应当再审。

判决、调解书生效后，当事人将判决、调解书确认的债权转让，债权受让人对该判决、调解书不服申请再审的，人民法院不予受理。

问：土壤污染责任纠纷案件，当事人申请再审有哪些情形之一的，法院应当再审？

答：依据《中华人民共和国民事诉讼法》第二百条规定，当事人的申请符合下列情形之一的，人民法院应当再审：

（一）有新的证据，足以推翻原判决、裁定的；

（二）原判决、裁定认定的基本事实缺乏证据证明的；

（三）原判决、裁定认定事实的主要证据是伪造的；

（四）原判决、裁定认定事实的主要证据未经质证的；

（五）对审理案件需要的主要证据，当事人因客观原因不能自行收集，书面申请人民法院调查收集，人民法院未调查收集的；

（六）原判决、裁定适用法律确有错误的；

（七）审判组织的组成不合法或者依法应当回避的审判人员没有回避的；

（八）无诉讼行为能力人未经法定代理人代为诉讼或者应当参加诉讼的当事人，因不能归责于本人或者其诉讼代理人的事由，未参加诉讼的；

（九）违反法律规定，剥夺当事人辩论权利的；

（十）未经传票传唤，缺席判决的；

（十一）原判决、裁定遗漏或者超出诉讼请求的；

（十二）据以作出原判决、裁定的法律文书被撤销或者变更的；

（十三）审判人员审理该案件时有贪污受贿，徇私舞弊，枉法裁判行为的。

问：民事案件申请再审的法定期限是多久？

答：当事人申请再审，应当在判决、裁定发生法律效力后六个月内提出。

如果有新的证据，足以推翻原判决、裁定的，或原判决、裁定认定事实的主要证据是伪造的，或据以作出原判决、裁定的法律文书被撤销或者变更的，或审判人员审理该案件时有贪污受贿，徇私舞弊，枉法裁判行为的，自知道或者应当知道之日起六个月内提出。

当事人对已经发生法律效力的调解书申请再审，应当在调解书发生法律效力后六个月内提出。

六个月为不变期间，不适用诉讼时效中止、中断、延长的规定。

问：土壤污染责任纠纷案件，申请再审应当提交哪些必要的材料？

答：当事人申请再审，应当提交下列材料：

1. 再审申请书，并按照被申请人和原审其他当事人的人数提交副本；

2. 再审申请人是自然人的，应当提交身份证明；再审申请人是法人或者其他组织的，应当提交营业执照、组织机构代码证书、法定代表人或者主要负责人身份证明书。委托他人代为申请的，应当提交授权委托书和代理人身份证明或与原件核对无异的复印件；

3. 原审判决书、裁定书、调解书或与原件核对无异的复印件；

4. 反映案件基本事实的主要证据及其他材料或与原件核对无异的复印件；

问：再审申请书的内容应当有哪些？

答：再审申请书应当有下列内容：

1. 再审申请人与被申请人及原审其他当事人的基本信息；

2. 原审人民法院的名称，原审裁判文书案号；

3. 具体的再审请求；

4. 申请再审的法定情形及具体事实、理由。

再审申请书应当明确申请再审的人民法院，并由再审申请人签名、捺印或者盖章。

（二）法院裁判的理由

再审法院经审查认为，本案为土壤污染责任纠纷。

根据曾某的再审申请，本案的争议焦点是某村村委会应否承担曾某承包地被污染的赔偿责任的问题。

《最高人民法院关于审理环境侵权责任纠纷案件适用法律若干问题的解释》第六条规定："被侵权人根据侵权责任法第六十五条规定请求赔偿的，应当提供证明以下事实的证据材料：（一）污染者排放了污染物；（二）被侵权人的损害；（三）污染者排放的污染物或者其次生污染物与损害之间具有关联性。"

本案中，曾某主张某村村委会应承担其承包地被污染的赔偿责任，但并未提供有效证据证明某村村委会排放了污染物，亦无充分证据证明其承包地遭受损害的具体事实以及某村村委会的行为与其承包地的损害之间具有关联。

因举证不能，一、二审对曾某要求某村村委会赔偿经济损失的主张不予支持并无不当，法院予以确认。

本案再审审查过程中，曾某既无新的事实与理由，亦无新的证据佐证某村村委会应承担赔偿责任的主张，其再审申请理据不足，法院不予支持。

曾某的再审申请不符合《中华人民共和国民事诉讼法》第二百条规定的再审情形。

（三）法院裁判的法律依据

《中华人民共和国民事诉讼法》

第二百零四条　人民法院应当自收到再审申请书之日起三个月内审查，符合本法规定的，裁定再审；不符合本法规定的，裁定驳回申请。有特殊情况需要延长的，由本院院长批准。

因当事人申请裁定再审的案件由中级人民法院以上的人民法院审理，但当事人依照本法第一百九十九条的规定选择向基层人民法院申请再审的除外。最高人民法院、高级人民法院裁定再审的案件，由本院再审或者交其他人民法院再审，也可以交原审人民法院再审。

《最高人民法院关于适用〈中华人民共和国民事诉讼法〉的解释》

第三百九十五条　当事人主张的再审事由成立，且符合民事诉讼法和本解释规定的申请再审条件的，人民法院应当裁定再审。

当事人主张的再审事由不成立，或者当事人申请再审超过法定申请再审期限、超出法定再审事由范围等不符合民事诉讼法和本解释规定的申请再审条件的，人民法院应当裁定驳回再审申请。

（四）上述案例的启示

申请再审的对象，是发生法律效力的判决、裁定和调解书。本案曾某申请再审的对象是发生法律效力的判决。

省高级人民法院依照《中华人民共和国民事诉讼法》、《最高人民法院关于适用〈中华人民共和国民事诉讼法〉的解释》等相关规定裁定驳回曾某的再审申请。

本案的曾某如对再审裁定不服申请再审，法院不予受理。

《最高人民法院关于适用〈中华人民共和国民事诉讼法〉的解释》第三百八十三条规定："当事人申请再审，有下列情形之一的，人民法院不予受理：（一）再审申请被驳回后再次提出申请的；（二）对再审判决、裁定提出申请的；（三）在人民检察院对当事人的申请作出不予提出再审检察建议或者抗诉决定后又提出申请的。前款第一项、第二项规定情形，人民法院应当告知当事人可以向人民检察院申请再审检察建议或者抗诉，但因人民检察院提出再审检察建议或者抗诉而再审作出的判决、裁定除外。"

依据上述规定，本案的曾某，如对再审裁定不服申请再审，法院不予受理。但是，他可以向检察院申请再审检察建议或者抗诉。

第二部分 行政篇

案例一　家具厂污染土壤，不服处罚提诉讼

一、引子和案例

（一）案例简介

本案是某家具公司不服市环境保护局作出的行政处罚决定及市政府的行政复议决定而向法院提起的行政诉讼。

原告某家具公司从事家具制造生产。2017 年 3 月 9 日，被告市环保局执法人员对原告公司进行现场检查，发现原告公司存在未依法报批建设项目环境影响评价文件、未配套建设相应的污染治理设施、厂区油漆空桶露天堆放等环境违法行为。3 月 17 日，被告市环保局向原告送达《责令改正违法行为决定书》。

被告市环保局分别对原告公司的员工、法定代表人进行了询问调查，发现原告公司水帘喷漆房产生的废水未经治理直接倾倒在车间外未经水泥硬化的空地上，经地面土壤向地下渗透排放。

市环保监测站检测人员对原告公司水帘喷漆房池内的水样进行采样检测，发现水帘喷漆房水池内的水样 pH 值为 6.13，COD 浓度为 1,112mg/L，甲苯浓度为 0.102mg/L，二甲苯浓度为 1.05mg/L。

之后，被告市环保局委托某检测有限公司对原告公司废水排放处

的两个土壤点位以及周围土壤对照点进行检测，经检测，废水排放处的两个土壤点位的苯浓度分别为 0.793mg/kg 和 0.002mg/kg；甲苯浓度分别为 13.146mg/kg 和 1.371mg/kg；二甲苯浓度分别为 2.631mg/kg 和 0.526mg/kg，而周围土壤对照点的苯、甲苯、二甲苯浓度未达到检出限值（0.001mg/kg）。

7 月 7 日，被告市环保局向原告送达《行政处罚事先（听证）告知书》。7 月 17 日，作出《行政处罚决定书》，认定原告"未依法报批建设项目环境影响评价文件，未配套建设污染治理设施，擅自在公司厂区内从事家具制造生产，生产废气未经治理直接排放，水帘喷漆房废水倾倒至车间外土壤，对环境造成污染"，违反了《中华人民共和国环境影响评价法》第二十五条和《建设项目环境保护管理条例》[1]第十六条的规定，根据《中华人民共和国环境影响评价法》第三十一条第一款及《建设项目环境保护管理条例》（1998 年）第二十八条的规定，对原告作出行政处罚：1. 责令原告按照市环境保护局《责令改正违法行为决定书》要求停止生产；2. 处罚款人民币 199,400 元。

该《行政处罚决定书》于 7 月 28 日送达原告。原告不服，向市人民政府申请行政复议，市人民政府经过审查，于 2018 年 1 月 8 日作出《行政复议决定书》，维持市环境保护局作出的《行政处罚决定书》。原告不服，遂向法院提起行政诉讼。

（二）裁判结果

依照《中华人民共和国行政诉讼法》第六十九条规定，判决如下：驳回原告某家具公司的诉讼请求。本案受理费 50 元，由原告某家具公司负担。

---

〔1〕《建设项目环境保护管理条例》2017 年 7 月 16 日修订。

如不服本判决，可以在判决书送达之日起十五日内，向法院递交上诉状，并按对方当事人的人数提出副本，上诉于市中级人民法院。

（三）与案例相关的问题

建设单位未依法报批建设项目环境影响报告书、报告表就开工建设的，罚款数额如何确定？

什么是环境影响评价？

环境影响报告书应当包括哪些内容？

规划的环境影响评价的适用范围有哪些？

本案属于行政复议受案范围中的哪一类？可以申请行政复议的情形还有哪些？

行政诉讼一审行政判决有几种？

行政诉讼案件中，驳回诉讼请求判决适用于哪些情况？

本案属于行政诉讼受案范围中的哪一类？法院应当受理的行政案件还有哪些？

什么是"三同时"制度？

二、相关知识

问：建设单位未依法报批建设项目环境影响报告书、报告表就开工建设的，罚款数额如何确定？

答：本案被告市环保局认定原告有两种违法行为，即"未依法报批建设项目环境影响评价文件，未配套建设污染治理设施，擅自在公司厂区内从事家具制造生产，生产废气未经治理直接排放，水帘喷漆房废水倾倒至车间外土壤，对环境造成污染"。

"未依法报批建设项目环境影响评价文件"，违反了《中华人民共和国环境影响评价法》第二十五条规定，即"建设项目的环境影响评价文件未依法经审批部门审查或者审查后未予批准的，建设单位不得开工建设。"

依照《中华人民共和国环境影响评价法》第三十一条规定，建设单位未依法报批建设项目环境影响报告书、报告表，擅自开工建设的，由县级以上生态环境主管部门责令停止建设，根据违法情节和危害后果，处建设项目总投资额百分之一以上百分之五以下的罚款，并可以责令恢复原状；对建设单位直接负责的主管人员和其他直接责任人员，依法给予行政处分。

三、与案件相关的法律问题

（一）学理知识

问：什么是环境影响评价？

答：环境影响评价是指对规划和建设项目实施后可能造成的环境影响进行分析、预测和评估，提出预防或者减轻不良环境影响的对策和措施，进行跟踪监测的方法与制度。

《中华人民共和国环境保护法》第十九条规定："编制有关开发利用规划，建设对环境有影响的项目，应当依法进行环境影响评价。未依法进行环境影响评价的开发利用规划，不得组织实施；未依法进行环境影响评价的建设项目，不得开工建设。"

第六十一条规定："建设单位未依法提交建设项目环境影响评价文件或者环境影响评价文件未经批准，擅自开工建设的，由负有环境保护监督管理职责的部门责令停止建设，处以罚款，并可以责令恢复原状。"

问：环境影响报告书应当包括哪些内容？

答：根据《中华人民共和国环境影响评价法》第十七条、第十条规定，环境影响报告书包括建设项目的环境影响报告书和专项规划的环境影响报告书。

1.建设项目的环境影响报告书应当包括下列内容：建设项目概况；建设项目周围环境现状；建设项目对环境可能造成影响的分析、预测和评估；建设项目环境保护措施及其技术、经济论证；建设项目对环境影响的经济损益分析；对建设项目实施环境监测的建议；环境影响评价的结论。

2.专项规划的环境影响报告书应当包括下列内容：实施该规划对环境可能造成影响的分析、预测和评估；预防或者减轻不良环境影响的对策和措施；环境影响评价的结论。

问：规划的环境影响评价的适用范围有哪些？

答：根据《中华人民共和国环境影响评价法》第七条、第八条规定，规划的环境影响评价适用范围包括总体规划和专项规划。

1.总体规划的环境影响评价

国务院有关部门、设区的市级以上地方人民政府及其有关部门，对其组织编制的土地利用的有关规划，区域、流域、海域的建设、开发利用规划，应当在规划编制过程中组织进行环境影响评价，编写该规划有关环境影响的篇章或者说明。规划有关环境影响的篇章或者说明，应当对规划实施后可能造成的环境影响作出分析、预测和评估，提出预防或者减轻不良环境影响的对策和措施，作为规划草案的组成部分一并报送规划审批机关。未编写有关环境影响的篇章或者说明的规划草案，审批机关不予审批。

2.专项规划的环境影响评价

国务院有关部门、设区的市级以上地方人民政府及其有关部门，对其组织编制的工业、农业、畜牧业、林业、能源、水利、交通、城市建设、旅游、自然资源开发的有关专项规划（以下简称专项规划），应当在该专项规划草案上报审批前，组织进行环境影响评价，并向审批该专项规划的机关提出环境影响报告书。

问：本案属于行政复议受案范围中的哪一类？可以申请行政复议的情形还有哪些？

答：行政复议是指申请人认为行政机关所作出的行政行为侵犯其合法权益，依法向具有法定权限的行政机关申请复议，由复议机关依法对被申请行政行为的合法性、适当性进行审查并作出裁决决定的制度规则。

公民、法人或者其他组织对行政复议决定不服的，可以依照行政诉讼法的规定向人民法院提起行政诉讼，但是法律规定行政复议决定为最终裁决的除外。

本案属于对行政机关作出的警告、罚款、没收违法所得、没收非法财物、责令停产停业、暂扣或者吊销许可证、暂扣或者吊销执照、行政拘留等行政处罚决定不服的。

可以申请行政复议的情形还有：对行政机关作出的限制人身自由或者查封、扣押、冻结财产等行政强制措施决定不服的；对行政机关作出的有关许可证、执照、资质证、资格证等证书变更、中止、撤销的决定不服的；对行政机关作出的关于确认土地、矿藏、水流、森林、山岭、草原、荒地、滩涂、海域等自然资源的所有权或者使用权的决定不服的；认为行政机关侵犯合法的经营自主权的；认为行政机关变更或者废止农业承包合同，侵犯其合法权益的；认为行政机关违法集资、征收财物、摊派费用或者违法要求履行其他义务的；认为符合法定条件，申请行政机关颁发许可证、执照、资质证、资格证等证书，或者申请行政机关审批、登记有关事项，行政机关没有依法办理的；申请行政机关履行保护人身权利、财产权利、受教育权利的法定职责，行政机关没有依法履行的；申请行政机关依法发放抚恤金、社会保险金或者最低生活保障费，行政机关没有依法发放的；认为行政机关的其他具体行政行为侵犯其合法权益的。

问：行政诉讼一审行政判决有几种？

答：行政诉讼判决是指法院根据当事人的诉讼请求，经过审理，就被诉行政行为的合法性及相关争议依法作出的实体性处理决定。

对行政诉讼判决可以作出不同的划分。按照审级标准可将判决分为一审判决、二审判决和再审判决；按照判决是否发生法律效力可将判决分为生效判决和未生效判决，等等。

一审行政判决是指一审法院按照一审程序经过审理，根据不同情况对行政诉讼案件作出的判定。当事人对一审判决不服的有权向上一级法院提出上诉。一审判决包括八种方式，分别是驳回原告诉讼请求判决，撤销判决，履行判决，给付判决，确认违法判决，确认无效判决，变更判决和被告承担继续履行、采取补救措施或者赔偿损失责任判决。

问：行政诉讼案件中，驳回诉讼请求判决适用于哪些情况？

答：驳回诉讼请求判决是指法院经过审理后，认定被诉行政行为合法或者原告的诉讼请求不能成立，依法予以驳回的判决形式。

驳回诉讼请求判决适用于以下几种情况：

1. 被诉具体行政行为合法，行政行为证据确凿，适用法律、法规正确，符合法定程序的；

2. 原告理由不能成立的，即原告申请被告履行法定职责或者给付义务理由不成立的，如行政机关没有法定职责等。

3. 其他应当判决驳回诉讼请求的情形。

行政诉讼法规定，行政行为证据确凿，适用法律、法规正确，符合法定程序的，或者原告申请被告履行法定职责或者给付义务理由不成立的，法院判决驳回原告的诉讼请求。

问：本案属于行政诉讼受案范围中的哪一类？法院应当受理的行

政案件还有哪些?

答:行政诉讼受案范围是指法院受理行政诉讼案件的种类和权限的范围。

本案属于行政诉讼受案范围中的对行政拘留、暂扣或者吊销许可证和执照、责令停产停业、没收违法所得、没收非法财物、罚款、警告等行政处罚不服的。

法院应当受理的行政案件还有:对限制人身自由或者对财产的查封、扣押、冻结等行政强制措施和行政强制执行不服的;申请行政许可,行政机关拒绝或者在法定期限内不予答复,或者对行政机关作出的有关行政许可的其他决定不服的;对行政机关作出的关于确认土地、矿藏、水流、森林、山岭、草原、荒地、滩涂、海域等自然资源的所有权或者使用权的决定不服的;对征收、征用决定及其补偿决定不服的;申请行政机关履行保护人身权、财产权等合法权益的法定职责,行政机关拒绝履行或者不予答复的;认为行政机关侵犯其经营自主权或者农村土地承包经营权、农村土地经营权的;认为行政机关滥用行政权力排除或者限制竞争的;认为行政机关违法集资、摊派费用或者违法要求履行其他义务的;认为行政机关没有依法支付抚恤金、最低生活保障待遇或者社会保险待遇的;认为行政机关不依法履行、未按照约定履行或者违法变更、解除政府特许经营协议、土地房屋征收补偿协议等协议的;认为行政机关侵犯其他人身权、财产权等合法权益的。

除了上述的案件,法院也应当受理法律、法规规定可以受理的其他行政案件。

问:什么是"三同时"制度?

答:"三同时"制度是指按照环境保护法等规定,建设项目需要配套建设的环境保护设施,必须与主体工程同时设计、同时施工、同时投产使用。

《建设项目环境保护管理条例》第二条规定："在中华人民共和国领域和中华人民共和国管辖的其他海域内建设对环境有影响的建设项目，适用本条例。"

第十五条规定："建设项目需要配套建设的环境保护设施，必须与主体工程同时设计、同时施工、同时投产使用。"

（二）法院裁判的理由

法院认为，被告市环境保护局作出《行政处罚决定书》的行政行为认定事实清楚、程序合法、适用法律正确，不存在违法之处。

原告某家具公司未依法报批建设项目环境影响评价文件，未配套建设环境保护设施，擅自从事家具制造生产，并对环境造成污染，原告的行为违反了《中华人民共和国环境影响评价法》第二十五条和《建设项目环境保护管理条例》第十六条的规定，属于两项不同的违法行为，应分别处罚。

被告市环境保护局对原告的环境违法行为进行处罚，依法履行了立案、调查、监测、告知、集体研究等程序后，根据《中华人民共和国环境影响评价法》第三十一条第一款和《建设项目环境保护管理条例》（1998年）第二十八条的规定，作出《行政处罚决定书》的行政行为，认定事实清楚，证据确凿，程序合法，适用法律正确。

市人民政府作出行政复议决定，维持被告市环境保护局作出的行政处罚决定，认定事实清楚，符合法定程序。

原告认为本案法律适用需以原告开工建设厂房为前提及被告作出的行政处罚决定违反一事不再罚原则，系原告对法律规定理解不当；原告关于撤销被诉行政处罚决定和行政复议决定的诉讼请求，缺乏事实和法律依据，不予支持。

（三）法院裁判的法律依据

《中华人民共和国行政诉讼法》

第六十九条 行政行为证据确凿，适用法律、法规正确，符合法定程序的，或者原告申请被告履行法定职责或者给付义务理由不成立的，人民法院判决驳回原告的诉讼请求。

《中华人民共和国环境影响评价法》（2016年）

第十六条 国家根据建设项目对环境的影响程度，对建设项目的环境影响评价实行分类管理。

建设单位应当按照下列规定组织编制环境影响报告书、环境影响报告表或者填报环境影响登记表（以下统称环境影响评价文件）：

（一）可能造成重大环境影响的，应当编制环境影响报告书，对产生的环境影响进行全面评价；

（二）可能造成轻度环境影响的，应当编制环境影响报告表，对产生的环境影响进行分析或者专项评价；

（三）对环境影响很小、不需要进行环境影响评价的，应当填报环境影响登记表。

建设项目的环境影响评价分类管理名录，由国务院环境保护行政主管部门制定并公布。

第二十五条 建设项目的环境影响评价文件未依法经审批部门审查或者审查后未予批准的，建设单位不得开工建设。

第三十一条 建设单位未依法报批建设项目环境影响报告书、报告表，或者未依照本法第二十四条的规定重新报批或者报请重新审核环境影响报告书、报告表，擅自开工建设的，由县级以上环境保护行政主管部门责令停止建设，根据违法情节和危害后果，处建设项目总投资额百分之一以上百分之五以下的罚款，并可以责令恢复原状；对建设单位直接负责的主管人员和其他直接责任人员，依法给予行政处分。

建设项目环境影响报告书、报告表未经批准或者未经原审批部门重新审核同意，建设单位擅自开工建设的，依照前款的规定处罚、处分。

建设单位未依法备案建设项目环境影响登记表的，由县级以上环境保护行政主管部门责令备案，处五万元以下的罚款。

海洋工程建设项目的建设单位有本条所列违法行为的，依照《中华人民共和国海洋环境保护法》的规定处罚。

《建设项目环境保护管理条例》（1998年）

第十六条　建设项目需要配套建设的环境保护设施，必须与主体工程同时设计、同时施工、同时投产使用。

第二十八条　违反本条例规定，建设项目需要配套建设的环境保护设施未建成、未经验收或者经验收不合格，主体工程正式投入生产或者使用的，由审批该建设项目环境影响报告书、环境影响报告表或者环境影响登记表的环境保护行政主管部门责令停止生产或者使用，可以处10万元以下的罚款。

（四）上述案例的启示

依照现行的《建设项目环境保护管理条例》第二十三条规定，违反本条例规定，需要配套建设的环境保护设施未建成、未经验收或者验收不合格，建设项目即投入生产或者使用的，由县级以上生态环境主管部门处罚，行政法律责任包括：

1. 由县级以上生态环境主管部门责令限期改正，处20万元以上100万元以下的罚款；

2. 逾期不改正的，处100万元以上200万元以下的罚款；

3.对直接负责的主管人员和其他责任人员，处 5 万元以上 20 万元以下的罚款；

4.造成重大环境污染或者生态破坏的，责令停止生产或者使用，或者报经有批准权的人民政府批准，责令关闭。

从上述介绍可以看到，新规定的行政法律责任比旧的要重。

案例二　不履行处罚决定，法院来强制执行

一、引子和案例

（一）案例简介

本案是因行政相对人不履行环保局的处罚决定，环保局向法院申请强制执行。

申请执行人为市环境保护局。被执行人张某，个体养殖户。

2017年9月28日，申请执行人市环保局到被执行人张某经营的生猪养殖场进行调查，现场检查发现，该养殖场部分养殖废水经粪水收集池直接排放至下方空地中，对土壤及地下水产生了一定影响。市环保局认为张某的行为违反了《中华人民共和国环境保护法》第四十二条、《中华人民共和国水污染防治法》（2008年）第三十六条的规定，属于将养殖废水与污染物未经处理直接排入无防渗漏措施的沟渠、坑塘的违法行为。张某在听证过程中对办案程序及规范性提出异议，市环保局予以纠正，但认为张某提出的其他情况不符合减免处罚的规定，故根据《中华人民共和国水污染防治法》（2008年）第七十六条第一款第（八）项、第二款的规定，责令张某立即停止违法行为，采取治理措施，消除污染，处罚款2万元，并于2017年11月22日向张某送

达 [2017]71 号《行政处罚决定书》。

后张某向市政府申请复议,市政府于 2017 年 12 月 25 日决定维持市环保局的上述行政处罚决定,并于同月 29 日向张某送达复议决定书。

张某未提起行政诉讼,亦未缴纳罚款。2018 年 3 月 29 日,市环保局书面催告张某缴纳罚款,张某仍不缴纳。

故市环境保护局向法院申请强制执行 [2017]71 号行政处罚决定中的罚款 2 万元。法院受理后,依法组成合议庭进行了审查,现已审查终结。

(二)裁判结果

法院依照《中华人民共和国行政诉讼法》、《中华人民共和国行政强制法》的规定,裁定如下:

申请执行人市环境保护局对被执行人张某作出的 [2017]71 号行政处罚决定中的罚款 2 万元,法院准予强制执行。

(三)与案例相关的问题

什么是财产罚?

行政罚款与罚金的主要区别有哪些?

行政处罚有几种?

环保局等行政机关申请执行其行政行为(非诉行政案件),应当具备哪些条件?

非诉行政案件的执行和诉讼行政案件的执行有什么区别?

假如本案张某的违法行为发生在 3 年前,环保局是否有权处罚,为什么?

行政处罚的听证程序是否为必经程序?

行政处罚的听证应依照哪些程序组织?

二、相关知识

问：什么是财产罚？

答：财产罚是指行政主体依法对违法行为人处以剥夺财产权的处罚形式，包括以下两种：

1. 罚款，就是强制违法者承担一定的金钱给付义务，要求违法者在一定期限内交纳一定数量货币的处罚。

2. 没收财物（没收违法所得、没收非法财物等），是指行政主体依法将违法行为人的部分或全部违法所得、非法财物（包括违禁品或实施违法行为的工具）收归国有的处罚方式。

问：行政罚款与罚金的主要区别有哪些？

答：行政罚款是行政机关对行政违法行为人强制收取一定数量金钱，剥夺一定财产权利的制裁方法。

罚金是法院判处犯罪人或犯罪单位向国家缴纳一定数额金钱的刑罚方法。

罚金和罚款的主要区别有：

1. 性质不同：罚金是《中华人民共和国刑法》规定的一种附加刑，既可以附加于主刑适用，也可以独立适用；行政罚款是行政机关对违反行政法律规范行为的处罚方式，是行政机关剥夺行政相对人部分财产权利的具体行政行为。

2. 作出决定的机关不同：罚金由法院在刑事判决中作出；行政罚款由主管行政机关、法律法规授权的组织或者受行政机关委托的组织依法实施，作出《行政处罚决定书》。

3. 法律依据不同：法院判处罚金的法律依据是刑法和刑事诉讼法。行政机关作出罚款决定的法律依据是有关行政法律规范和行政处罚法。

4. 适用对象不同：《中华人民共和国刑法》规定的罚金既可适用于

处刑较轻的犯罪，也可适用于处刑较重的犯罪；主要适用于经济犯罪、财产犯罪和其他故意犯罪。行政罚款的适用对象是各种违反行政法律规范的人和单位。

三、与案件相关的法律问题

（一）学理知识

问：行政处罚有几种？

答：行政处罚是指行政机关依照法定职权和程序，对违反行政法规范的公民、法人或组织，给予行政制裁的具体行政行为。

《中华人民共和国行政处罚法》第八条规定，行政处罚的种类包括警告；罚款；没收违法所得、没收非法财物；责令停产停业；暂扣或者吊销许可证、暂扣或者吊销执照；行政拘留；法律、行政法规规定的其他行政处罚。

1. 警告，是国家对行政违法行为人的谴责和告诫，是国家对行为人违法行为作出的正式否定评价。

2. 罚款，是行政机关对行政违法行为人强制收取一定数量金钱，剥夺一定财产权利的制裁方法。

3. 没收违法所得、没收非法财物。没收违法所得是行政机关将行政违法行为人占有的，通过违法途径和方法取得的财产收归国有的制裁方法。没收非法财物是行政机关将行政违法行为人非法占有的财产和物品收归国有的制裁方法。

4. 责令停产停业，是行政机关强制命令行政违法行为人暂时或永久地停止生产经营或其他业务活动的制裁方法。

5. 暂扣或者吊销许可证，暂扣或者吊销执照，是行政机关暂时或者永久地撤销行政违法行为人拥有的国家准许其享有某些权利或从事某些活动的资格的文件，使其丧失权利或活动资格的制裁方法。

6. 行政拘留，是治安管理机关，即公安机关对违反治安管理规定的人在短期内剥夺其人身自由的一种强制性惩罚措施。

问：环保局等行政机关申请执行其行政行为（非诉行政案件），应当具备哪些条件？

答：行政机关申请执行其行政行为，应当具备以下条件：

1. 行政行为依法可以由人民法院执行；

2. 行政行为已经生效并具有可执行内容；

3. 申请人是作出该行政行为的行政机关或者法律法规、规章授权的组织；

4. 被申请人是该行政行为所确定的义务人；

5. 被申请人在行政行为确定的期限内或者行政机关催告期限内未履行义务；

6. 申请人在法定期限内提出申请；

7. 被申请执行的行政案件归受理执行申请的人民法院管辖。

问：非诉行政案件的执行和诉讼行政案件的执行有什么区别？

答：非诉行政案件执行是指公民、法人或其他组织对具体行政行为，不向法院提起行政诉讼，又不自动履行，行政机关向法院申请强制执行，由法院采取执行措施，使具体行政行为得以实现的制度。

行政诉讼案件执行是指行政诉讼案件的当事人，不履行法院生效的行政案件法律文书，法院和有关行政机关运用国家强制力量，依法采取强制措施，促使当事人履行义务，使生效法律文书的内容得以实现的活动。

非诉行政案件执行和行政诉讼案件执行的区别：

1. 执行机关。非诉行政案件的执行机关是法院，而非行政机关。行政诉讼案件执行的机关包括有强制执行该具体行政行为权力的行政机关和法院。

2. 执行申请人或被申请执行人。非诉行政案件的执行申请人是行政机关，被执行人只能为公民、法人或者其他组织。行政诉讼案件执行中的执行申请人或被申请执行人一方是行政机关。

3. 执行根据。非诉行政案件执行的根据是行政机关作出的具体行政行为，该具体行政行为没有进入行政诉讼，没有经过人民法院的裁判。行政诉讼案件强制执行的依据是已经生效的行政裁判法律文书，包括行政判决书、行政裁定书、行政赔偿判决书和行政调解书。

4. 执行目的。非诉行政案件的执行目的是保障没有行政强制执行权的行政机关所作出的具体行政行为内容得以实现。行政诉讼案件强制执行的目的是实现已经生效的法律文书所确定的义务。

5. 执行前提。非诉行政案件的执行前提是公民、法人或者其他组织在法定期限内，既不提起行政诉讼，又不履行具体行政行为所确定的义务。行政诉讼案件的执行前提是对发生法律效力的行政判决书、行政裁定书、行政赔偿判决书和行政调解书，负有义务的一方当事人拒绝履行。

法院判决行政机关履行行政赔偿、行政补偿或者其他行政给付义务，行政机关拒不履行的，对方当事人可以依法向法院申请强制执行。

问：假如本案张某的违法行为发生在3年前，环保局是否有权处罚，为什么？

答：假如本案张某的违法行为发生在3年前，环保局无权处罚，因为已经超过行政处罚追诉时效。

行政处罚追诉时效是指在违反行政管理秩序的违法行为发生后，对该行为有处罚权的行政机关在法律规定的期限内未发现这个事实，超过法律规定的期限才发现的，对当时的违法行为人不再给予行政处罚的时间期限。

《中华人民共和国行政处罚法》第二十九条规定："违法行为在二年内未被发现的，不再给予行政处罚。法律另有规定的除外。前款规定的期限，从违法行为发生之日起计算；违法行为有连续或者继续状态的，从行为终了之日起计算。"

行政处罚追诉时效要注意三点：

1. 该条的"发现"时间是指行政机关的立案时间，不是行政机关作出行政处罚的时间。

2. "违法行为发生之日"是指违法行为完成或者停止日，如运输违禁物品，在途中用了10天时间，应当从最后一天将违禁物品转交他人起开始计算。

对于连续或者继续状态的，从违法行为终了之日起算，如某公民的偷电行为，自从接通电源时就开始偷电，该案的行政处罚追究时效应当从该公民停止偷电之日起计算。

3. 行政机关在行政处罚追究时效期限内发现违法行为，但最后作出行政处罚决定时超过行政处罚追究期限的，对这种情况法院不以超出行政处罚追究时效处理。

问：行政处罚的听证程序是否为必经程序？

答：行政处罚的听证程序不是必经程序，如果当事人要求听证的，行政机关应当组织听证。

行政听证程序是指行政机关在做出行政处罚前，举行公开听证会议，听取当事人对相关的指控、证据、处理意见的陈述、申辩和质证，根据双方质证、核实的材料做出行政决定的一种程序。

行政机关作出责令停产停业、吊销许可证或者执照、较大数额罚款等行政处罚决定之前，应当告知当事人有要求举行听证的权利；当事人要求听证的，行政机关应当组织听证。当事人不承担行政机关组织听证的费用。

问：行政处罚的听证应依照哪些程序组织？

答：听证依照以下程序组织：

1. 当事人要求听证的，应当在行政机关告知后三日内提出；

2. 行政机关应当在听证的七日前，通知当事人举行听证的时间、地点；

3. 除涉及国家秘密、商业秘密或者个人隐私，听证公开举行；

4. 听证由行政机关指定的非本案调查人员主持；当事人认为主持人与本案有直接利害关系的，有权申请回避；

5. 当事人可以亲自参加听证，也可以委托一至二人代理；

6. 举行听证时，调查人员提出当事人违法的事实、证据和行政处罚建议；当事人进行申辩和质证；

7. 听证应当制作笔录；笔录应当交当事人审核无误后签字或者盖章。

（二）法院裁判的理由

法院认为，申请执行人市环境保护局作出的 [2017]71 号行政处罚决定，事实清楚，证据充分，程序合法，其申请强制执行符合法律规定的条件。

依照《中华人民共和国行政诉讼法》、《中华人民共和国行政强制法》规定，裁定对申请执行人市环保局对被执行人张某作出的 [2017]71 号行政处罚决定中的罚款 2 万元准予强制执行。

（三）法院裁判的法律依据

《中华人民共和国环境保护法》

第四十二条　排放污染物的企业事业单位和其他生产经营者，应当采取措施，防治在生产建设或者其他活动中产生的废气、废水、废渣、医疗废物、粉尘、恶臭气体、放射性物质以及噪声、振动、光辐射、电磁辐射等对环境的污染和危害。

排放污染物的企业事业单位，应当建立环境保护责任制度，明确单位负责人和相关人员的责任。

重点排污单位应当按照国家有关规定和监测规范安装使用监测设备，保证监测设备正常运行，保存原始监测记录。

严禁通过暗管、渗井、渗坑、灌注或者篡改、伪造监测数据，或者不正常运行防治污染设施等逃避监管的方式违法排放污染物。

《中华人民共和国水污染防治法》（2008 年）

第三十六条　禁止利用无防渗漏措施的沟渠、坑塘等输送或者存贮含有毒污染物的废水、含病原体的污水和其他废弃物。

第七十六条第一款第（八）项、第二款　有下列行为之一的，由县级以上地方人民政府环境保护主管部门责令停止违法行为，限期采取治理措施，消除污染，处以罚款；逾期不采取治理措施的，环境保护主管部门可以指定有治理能力的单位代为治理，所需费用由违法者承担：

（八）利用无防渗漏措施的沟渠、坑塘等输送或者存贮含有毒污染物的废水、含病原体的污水或者其他废弃物的。

有前款第三项、第六项行为之一的，处一万元以上十万元以下的罚款；有前款第一项、第四项、第八项行为之一的，处二万元以上二十万元以下的罚款；有前款第二项、第五项、第七项行为之一的，处五万元以上五十万元以下的罚款。

《中华人民共和国行政诉讼法》

第九十七条　公民、法人或者其他组织对行政行为在法定期限内不提起诉讼又不履行的，行政机关可以申请人民法院强制执行，或者依法强制执行。

《中华人民共和国行政强制法》

第五十三条　当事人在法定期限内不申请行政复议或者提起行政诉讼，又不履行行政决定的，没有行政强制执行权的行政机关可以自期限届满之日起三个月内，依照本章规定申请人民法院强制执行。

第五十五条　行政机关向人民法院申请强制执行，应当提供下列材料：

（一）强制执行申请书；

（二）行政决定书及作出决定的事实、理由和依据；

（三）当事人的意见及行政机关催告情况；

（四）申请强制执行标的情况；

（五）法律、行政法规规定的其他材料。

强制执行申请书应当由行政机关负责人签名，加盖行政机关的印章，并注明日期。

第五十七条　人民法院对行政机关强制执行的申请进行书面审查，对符合本法第五十五条规定，且行政决定具备法定执行效力的，除本法第五十八条规定的情形外，人民法院应当自受理之日起七日内作出执行裁定。

（四）上述案例的启示

对于行政相对人不履行罚款的行政处罚决定，行政机关可以向法院申请强制执行，由法院采取执行措施，使行政机关的具体行政行为得以实现，就是非诉行政案件的执行。

《中华人民共和国行政诉讼法》第九十七条规定："公民、法人或者其他组织对行政行为在法定期间不提起诉讼又不履行的，行政机关可以申请人民法院强制执行，或者依法强制执行。"

　　《行政强制法》第五十三条规定："当事人在法定期限内不申请行政复议或者提起行政诉讼，又不履行行政决定的，没有行政强制执行权的行政机关可以自期限届满之日起三个月内，依照本章规定申请人民法院强制执行。"

案例三 环卫局造成隐患，检察院提起诉讼

一、引子和案例

（一）案例简介

本案是区检察院认为区环境卫生管理局不履行法定职责，造成土壤等污染问题而提起的行政公益诉讼。

公益诉讼人是区检察院。被告是区环境卫生管理局。

2013年8月，被告区环境卫生管理局分别与某村村委会就利用自然沟谷倾倒垃圾、设立垃圾进场道路相关事宜签订土地有偿使用协议。

同年10月，被告在没有建设审批、环境影响评价报告等相关审批文件的情况下，就启用该垃圾场，现已将占地16.8亩的沟谷填满。

公益诉讼人在履职中发现该问题后，于2016年11月8日立案审查，同日向被告发出检察建议，要求被告立即停止使用垃圾场，防止继续对周边环境造成污染；对涉案垃圾填埋场进行无害化处理，修复区域生态环境。

被告在接到公益诉讼人的检察建议后，对垃圾填埋场进行了封场，停止使用。对垃圾进行了药物消杀、压实、黄土覆盖。

另根据卫星影像图进行测算，该垃圾填埋场距黄河最短平面直线

距离为 948.4 米，距离周边最近耕地约 23.4 米，距离周边最近农用地 113.9 米，距离周边最近有林地约 108.1 米。

还查明，2016 年 12 月 13 日，公益诉讼人委托新环境科技有限责任公司对垃圾填埋场进行环境影响现状调查。2016 年 12 月，新环境科技有限责任公司作出《垃圾场环境影响现状调查报告》。调查报告认定，垃圾场在前期、实际建设及运营管理中，未按照《生活垃圾卫生填埋技术规范》《中华人民共和国环境影响评价法》和《中华人民共和国环境保护法》的要求开展建设项目环境影响评价，未得到有审批权的环境保护主管部门批准，属于违法建设；垃圾场整个场区内未见防渗工程，未见渗沥液收集及处理工程；填埋场内垃圾随意堆放，未采取"分区、分单元"的作业方式；无推铺、压实作业工序；未做到当日覆盖，当日填埋；填埋区域恶臭明显，场区内蝇、鸟、犬结群；存在大气污染、水污染、土壤污染隐患，产生的 CH_4 气体存在富集燃烧爆炸的安全及环境污染隐患；填埋场北侧约 11,250 平方米的填埋区域位于城市集中式饮用水源准保护区陆域范围内，堆存有大量的生活垃圾，不符合《中华人民共和国水污染防治法》和《饮用水水源保护区污染防治管理规定》的要求。

为此，公益诉讼人提起诉讼，诉讼请求：1. 请求确认被告区环境卫生管理局设立垃圾填埋场的行政事实行为违法；2. 请求责令被告区环境卫生管理局履行监督和管理职责，对垃圾填埋场进行无害化处理，修复区域生态环境。

被告区环境卫生管理局辩称，被告单位的性质为事业法人单位，不具有作出行政行为的主体资格。公益诉讼人的第二项诉讼请求系民事公益诉求，不应在行政公益诉讼中提出。公益诉讼人的诉讼请求不符合法律规定，请求人民法院予以驳回。

（二）裁判结果

法院依据《中华人民共和国行政诉讼法》等规定，判决如下：

一、确认被告区环境卫生管理局设立垃圾填埋场的行政事实行为违法。

二、责令被告区环境卫生管理局在本判决生效后六个月内依照《中华人民共和国环境保护法》《中华人民共和国水污染防治法》《中华人民共和国固体废物污染环境防治法》《中华人民共和国大气污染防治法》的相关规定，履行监督和管理职责，对垃圾填埋场进行无害化处理，修复区域生态环境。

（三）与案例相关的问题

生活垃圾会通过哪些途径污染土壤？

检察院提起行政公益诉讼的条件有哪些？

什么是行政事实行为？

行政事实行为合法性的要求有哪些？

违法行政事实行为的法律责任有哪些？

行政诉讼、民事诉讼的上诉期有什么规定？

二、相关知识

问：生活垃圾会通过哪些途径污染土壤？

答：生活垃圾可以直接或间接污染土壤，危害环境，从而也会影响人的健康，甚至危及生命。

首先，通过地表水或地下水污染土壤。

生活垃圾中的弱酸性渗滤液，会溶出垃圾中含有的重金属，包括汞、铅、镉等，形成有机物、重金属和病原微生物污染源。垃圾中的水分和雨水会将渗滤液污染源带入周围地表水，导致污染土壤。

垃圾渗滤液也会对地下水造成污染。含有氨氮、硝酸氮、亚硝酸氮、油、酚、大肠菌群等污染源的垃圾渗滤液进入地下水，会将污染源带入土壤，同样会造成污染。

其次，生活垃圾直接对土壤造成污染。

生活垃圾中的有毒有害物质，进入土壤中腐蚀土地，直接造成土壤污染，危害农业，危害人的生命健康。

三、与案件相关的法律问题

（一）学理知识

问：检察院提起行政公益诉讼的条件有哪些？

答：检察院提起行政公益诉讼，需要符合以下条件：

第一，被告有法定的职责。

需要依据法律、行政法规、政府规章、规范性文件等证明被告具有相应的法定职责。

如本案中的被告区环境卫生管理局有负责本行政区域内城市生活垃圾管理工作的职责。

第二，社会公共利益受到损害。

如本案垃圾场整个场区内未见防渗工程，未见渗沥液收集及处理工程；填埋区域恶臭明显，场区内蝇、鸟、犬结群；存在大气污染、水污染、土壤污染隐患，产生的 CH_4 气体存在富集燃烧爆炸的安全及环境污染隐患。

第三，检察院履行诉前程序。

如本案的公益诉讼人检察院在履职中发现该问题后，经过立案审查，向被告发出检察建议，要求被告立即停止使用垃圾场，防止继续对周边环境造成污染；对涉案垃圾填埋场进行无害化处理，修复区域生态环境。

被告在接到公益诉讼人的检察建议后，对垃圾填埋场进行了封场，停止使用；对垃圾进行了药物消杀、压实、黄土覆盖。

第四，被告收到检察建议后不履行法定职责，社会公共利益仍处于受侵害状态。

如本案被告在接到公益诉讼人的检察建议后，尽管对垃圾填埋场进行了封场，停止使用；对垃圾进行了药物消杀、压实、黄土覆盖，但是没有履行监督和管理职责，没有对垃圾填埋场进行无害化处理，没有修复区域生态环境。

问：什么是行政事实行为？

答：本案中，法院认为被告未经审批就设立、使用垃圾填埋场的行为属于行政事实行为。

行政事实行为是指行政主体不以产生特定的法律效果为目的，而是以某种事实结果为目的做出的行政措施、行政事实行为。也就是说，行政主体的目的不是要和相对人之间产生、变更或消灭某种行政法律关系、行政权利义务关系，而是为了实现某种事实结果而采取的行政措施。

行政事实行为主要有以下几个特点：

首先，行政事实行为的主体必须是行政主体。

非行政主体所做的事实行为属于民事事实行为，而不是行政事实行为。

其次，行政主体为实现一定的行政目的而做出行政事实行为。

行政主体的行政事实行为是行政主体为公务目的而做的行为，与行政主体的私法事实行为相区别。

第三，行政事实行为不以产生特定的法律效果为目的，行政主体做出行政事实行为，并不追求与相对人之间产生、变更或消灭某种行政法律关系。

第四、行政事实行为不以产生法律效果为目的，但会产生一定的法律事实效果有些情况下也会对相对人的权益产生实质影响。

问：违法行政事实行为的法律责任有哪些？

答：行政机关的违法行政事实行为的法律责任有三种：

一是刑事责任。

行政事实行为造成公民人身、财产重大损害，负主要责任的行政人员构成犯罪的，应当承担相应的刑事责任。

二是赔偿责任。

《中华人民共和国国家赔偿法》第二条规定："国家机关和国家机关工作人员行使职权，有本法规定的侵犯公民、法人和其他组织合法权益的情形，造成损害的，受害人有依照本法取得国家赔偿的权利。"

三、对国家利益或者社会公共利益依法履行职责。

《中华人民共和国行政诉讼法》第二十五条第四款规定："人民检察院在履行职责中发现生态环境和资源保护、食品药品安全、国有财产保护、国有土地使用权出让等领域负有监督管理职责的行政机关违法行使职权或者不作为，致使国家利益或者社会公共利益受到侵害的，应当向行政机关提出检察建议，督促其依法履行职责。行政机关不依法履行职责的，人民检察院依法向人民法院提起诉讼。"

问：行政诉讼、民事诉讼的上诉期有什么规定？

答：本案判决中说，如不服本判决，可在判决书送达之日起十五日内提起上诉，向法院递交上诉状，并按对方当事人的人数递交上诉状副本，上诉于中级人民法院。

"可在判决书送达之日起十五日内提起上诉"中的十五日，就是上诉期。

上诉期是不服法院的第一审判决或裁定，向上一级法院提起上诉时必须遵守的法定期限。超过上诉期没有上诉的判决、裁定，是发生法律效力的判决、裁定。

《中华人民共和国民事诉讼法》第一百六十四条规定，"当事人不服地方人民法院第一审判决的，有权在判决书送达之日起十五日内向上一级人民法院提起上诉。当事人不服地方人民法院第一审裁定的，有权在裁定书送达之日起十日内向上一级人民法院提起上诉。"

《中华人民共和国行政诉讼法》第八十五条规定："当事人不服人民法院第一审判决的，有权在判决书送达之日起十五日内向上一级人民法院提起上诉。当事人不服人民法院第一审裁定的，有权在裁定书送达之日起十日内向上一级人民法院提起上诉。逾期不提起上诉的，人民法院的第一审判决或者裁定发生法律效力。"

（二）法院裁判的理由

法院认为，本案的争议焦点是被告区环境卫生管理局作为事业法人单位是否具有作出行政行为的主体资格，是否有权设立垃圾填埋场；公益诉讼人的第二项诉讼请求是否属于行政公益诉讼范围；被告在接到公益诉讼人检察建议后，是否及时、正确履行了监管职责。

第一，关于被告主体资格问题。

《中华人民共和国行政诉讼法》第二条第二款规定，行政行为，包括法律、法规、规章授权的组织作出的行政行为。事业单位、社会组织只要承担了行政管理义务，即为适格的行政主体。

《中华人民共和国固体废物污染环境防治法》第三十九条规定："县级以上地方人民政府环境卫生行政主管部门应当组织对城市生活垃圾进行清扫、收集、运输和处置，可以通过招标等方式选择具备条件的单位从事生活垃圾的清扫、收集、运输和处置。"

《城市生活垃圾管理办法》第五条第三款规定："直辖市、市、县人民政府建设（环境卫生）主管部门负责本行政区域内城市生活垃圾的管理工作。"

本案被告区环境卫生管理局对城市生活垃圾的处置负有管理职责。

被告未经审批设立、使用垃圾填埋场的行为属于行政事实行为。

第二，关于公益诉讼人的第二项诉讼请求是否属于行政公益诉讼范围问题。

《中华人民共和国行政诉讼法》第七十六条规定，人民法院判决确认违法或者无效的，可以同时判决责令被告采取补救措施。

因此公益诉讼人的诉讼请求属于行政公益诉讼范围。

第三，关于被告区环境卫生管理局在接到公益诉讼人检察建议后，是否及时、正确地履行了监管职责问题。

公益诉讼人于 2016 年 11 月 8 日向被告发出检察建议后，被告停止使用该垃圾填埋场，并对垃圾进行了消杀、压实、黄土覆盖，进行了一定的整改工作。

但是根据新环境科技有限责任公司对垃圾填埋场进行环境影响现状调查报告反映，该垃圾填埋场建设及运营不满足《生活垃圾卫生填埋技术规范》，并会对地表水、地下水、土壤、大气及周边环境产生持久性的影响。

被告对该垃圾场的垃圾虽然进行了消杀、压实、黄土覆盖，但是并没有从根本上消除垃圾对周边环境的影响。环境污染仍然处于持续状态。

综上，被告区环境卫生管理局作为区环境卫生行政主管部门，对城市生活垃圾具有清扫、收集、运输和处置的监督管理职责。

被告在未取得相关审批手续的情况下，设立、使用垃圾填埋场，对垃圾的处置也未按照《生活垃圾卫生填埋技术规范》要求进行处理，违反了《中华人民共和国环境保护法》《中华人民共和国固体废物污染环境防治法》《中华人民共和国大气污染防治法》等规定。

（三）法院裁判的法律依据

《中华人民共和国环境保护法》

第四十一条　建设项目中防治污染的设施，应当与主体工程同时设计、同时施工、同时投产使用。防治污染的设施应当符合经批准的环境影响评价文件的要求，不得擅自拆除或者闲置。

《中华人民共和国固体废物污染环境防治法》

第十三条　建设产生固体废物的项目以及建设贮存、利用、处置固体废物的项目，必须依法进行环境影响评价，并遵守国家有关建设项目环境保护管理的规定。

第四十一条　清扫、收集、运输、处置城市生活垃圾，应当遵守国家有关环境保护和环境卫生管理的规定，防止污染环境。

第四十四条　建设生活垃圾处置的设施、场所，必须符合国务院环境保护行政主管部门和国务院建设行政主管部门规定的环境保护和环境卫生标准。

禁止擅自关闭、闲置或者拆除生活垃圾处置的设施、场所；确有必要关闭、闲置或者拆除的，必须经所在地的市、县级人民政府环境卫生行政主管部门商所在地环境保护行政主管部门同意后核准，并采取措施，防止污染环境。

《中华人民共和国水污染防治法（2008 年）》

第四十六条　建设生活垃圾填埋场，应当采取防渗漏等措施，防止造成水污染。

《中华人民共和国大气污染防治法》

第四十九条　工业生产、垃圾填埋或者其他活动产生的可燃性气体应当回收利用，不具备回收利用条件的，应当进行污染防治处理。

可燃性气体回收利用装置不能正常作业的，应当及时修复或者更新。在回收利用装置不能正常作业期间确需排放可燃性气体的，应当将排放的可燃性气体充分燃烧或者采取其他控制大气污染物排放的措施，并向当地生态环境主管部门报告，按照要求限期修复或者更新。

《中华人民共和国行政诉讼法》

第七十二条　人民法院经过审理，查明被告不履行法定职责的，判决被告在一定期限内履行。

第七十六条　人民法院判决确认违法或者无效的，可以同时判决责令被告采取补救措施；给原告造成损失的，依法判决被告承担赔偿责任。

（四）上述案例的启示

行政事实行为应该符合相应的合法性要求，主要包括以下三个方面：

首先，行政主体必须合法

所谓主体合法是指作出行政行为的机关组织必须具有行政主体资格。

其次，行政权限合法。

权限合法是指行政主体必须在法定的职权范围内实施行为。一方面，行政主体须在其法定职权范围内实施行政事实行为；另一方面，属于行政主体职责的事项，行政主体必须做出相应行政事实行为。

其次，行政事实行为的内容应该符合法律。

这里的"符合法律"不仅仅指符合法律法规等法律条文，还包括符合法律的原则和精神。

再次，行政事实行为的作出要符合比例原则。

行政主体如果小题大做或者基于疏忽、错误判断作出的行政事实行为应属于不法行为。

案例四 环保局不够尽责，检察院提起诉讼

一、引子和案例

（一）案例简介

本案是因为出现土壤污染问题，检察院提起行政公益诉讼，请求判决环保局履行职责。

公益诉讼人：某县人民检察院。被告：某县环境保护局。

张某、吴某等人为牟取私利，在未取得危险废物处置资质，未办理环保、工商登记的情况下，自 2013 年起租赁厂房，购进废旧电瓶，雇佣他人进行废旧电池的拆解、冶炼，生产铅锭，并对外销售。

2017 年 3 月 21 日，县公安局接群众举报依法将该炼铅窝点查处，当场扣押拆解好的废旧电瓶芯 34.37 吨、铅锭 18.85 吨、铅渣 44.86 吨、飞灰 174.62 吨。

经省环境保护科学研究设计院环境风险与污染损害鉴定评估中心检验，公安机关扣押的废旧电瓶芯、飞灰、铅渣为危险废物，炼铅窝点院内院外土壤样品均已受到铅污染，非法炼铅窝点院内、院外的土壤遭受铅污染，铅指标分别超出《土壤环境质量标准》（GB15618-1995）二类标准铅含量的 326.7 和 384.7 倍。

张某、吴某等人的行为因涉嫌刑事犯罪，被公安机关采取逮捕、取保候审的刑事强制措施，炼铅窝点已被查封。

公益诉讼起诉人在履行职责中发现被告未责令张某、吴某等人恢复被污染土地原状，存在怠于履职的情形，使社会公共利益持续受到损害，遂依法审查处理。2018年2月2日，公益诉讼人向被告提出检察建议书，建议其依法全面履行环境保护监督管理职责，责令张某、吴某等人修复涉案污染土地，消除环境污染的持续状态；依法督促张某、吴某等人在期限内修复受损环境，如张某、吴某等人不履行，依照相关法律规定，被告应代履行或者由没有利害关系的第三人代履行。

被告收到检察建议书后，于2017年3月1日向公益诉讼起诉人出具《县环境保护局关于落实检察建议的报告》，将整改落实情况进行了回复：1.根据相关规定，张某、吴某等人因环境污染涉嫌犯罪，需在人民法院依法作出刑事判决后再决定是否有必要继续给予行政处罚，因张某、吴某等人的违法行为实际上已经停止，没有责令停止违法行为的必要；2.我局多次督促市环科所加快涉案土地污染评估进度，制订修复方案，为申请修复资金做好准备；指导、协助镇人民政府、村民委员会就涉案土地遭受污染损害向人民法院提起环境污染赔偿民事诉讼。

2018年4月20日，公益诉讼起诉人向法院提起行政公益诉讼，认为被告作为本县行政区域环境保护工作实施统一监督管理的部门，有对辖区内固体废物污染环境的防治工作实施统一监督管理的职责，对污染环境的行为理应作出恢复原状等行政决定，经检察机关督促后仍未依法履行职责，社会公共利益持续处于受侵害状态。根据《中华人民共和国行政诉讼法》第二十五条第四款和《最高人民法院、最高人民检察院关于检察公益诉讼案件适用法律若干问题的解释》第二十一条的规定，向法院提起诉讼，请依法判决：1.确认被告怠于履行监管职责的行为违法;2.责令被告依法全面履行监管职责。

另查明,2017 年 3 月 24 日,被告以县污染治理集中攻坚指挥部办公室的名义,通知镇人民政府对涉案炼铅作坊予以取缔,2017 年 3 月 27 日,镇人民政府在公安机关的配合下,对涉案炼铅作坊予以取缔。

2017 年 6 月 27 日,被告县环境保护局对张某、吴某非法处置危险废物立案查处,同日对张某、吴某下达环境违法行为改正通知书,责令停止违法行为。

2018 年 4 月 1 日,被告以县突出环境问题综合整治工作领导小组办公室的名义,通知镇人民政府对涉案炼铅作坊地面附着物进行拆除清理。

2018 年 4 月 19 日至 4 月 27 日,被告对吴某先后下达了《行政处罚事先告知书》《行政处罚听证告知书》《责令停止违法行为通知书》《行政处罚决定书》《责令恢复原状决定书》《限期治理决定书》。

2018 年 4 月 28 日,被告对张某下达了《责令恢复原状决定书》《限期治理决定书》。

2018 年 5 月 18 日,被告向县人民政府申请污染土地修复资金 180 万元,2018 年 6 月 13 日,污染土地修复资金到位,2018 年 6 月 16 日,第三方机构出具土壤修复方案,2018 年 6 月 18 日被告组织专家评审通过了该土壤修复方案。同日,根据土壤修复方案,委托第三方机构进驻现场进行修复。

(二)裁判结果

法院依照《中华人民共和国行政诉讼法》第七十二条、《最高人民法院、最高人民检察院关于检察公益诉讼案件适用法律若干问题的解释》第二十五条第(三)项之规定,判决如下:

被告县环境保护局继续履行对张某、吴某等人非法炼铅造成的土地污染治理的法定监管职责。

限被告县环境保护局在本判决生效之日起十日内对涉案污染土地修复治理完毕。

案件受理费 50 元，由被告县环境保护局承担。

如不服本判决，可在判决书送达之日起十五日内，向法院递交上诉状，并按对方当事人的人数提出副本，上诉于市中级人民法院。

（三）与案例相关的问题

检察院可以就哪些领域的案件提起行政公益诉讼？

检察院提起行政公益诉讼的法律依据主要有哪些？

《最高人民法院、最高人民检察院关于检察公益诉讼案件适用法律若干问题的解释》是什么时候通过的？

检察建议主要有几种？

检察建议书一般包括哪些内容？

行政公益诉讼案件中，出庭检察人员应履行哪些职责？

检察院提起行政公益诉讼应当提交哪些材料？

行政公益诉讼中，哪些情况判决在一定期限内履行，哪些情况判决予以变更，哪些情况判决驳回诉讼请求？

行政公益诉讼哪些情形应该判决确认违法或者确认无效，并可以同时判决责令行政机关采取补救措施？

行政公益诉讼中，被诉行政行为有哪些情形的，判决撤销或者部分撤销，并可以判决被诉行政机关重新作出行政行为？

二、相关知识

问：检察院可以就哪些领域的案件提起行政公益诉讼？

答：检察院在履行职责中发现生态环境和资源保护、食品药品安全、国有财产保护、国有土地使用权出让等领域负有监督管理职责的行政机关违法行使职权或者不作为，致使国家利益或者社会公共利益受到侵害的，向行政机关提出检察建议督促其依法履行职责，行政机关不依法履行职责的，检察院依法向人民法院提起诉讼。

基层检察院提起的第一审行政公益诉讼案件，由被诉行政机关所在地基层法院管辖。

三、与案件相关的法律问题

（一）学理知识

问：检察院提起行政公益诉讼的法律依据主要有哪些？

答：检察院提起行政公益诉讼的法律依据主要有《中华人民共和国行政诉讼法》第二十五条第四款规定；《最高人民法院、最高人民检察院关于检察公益诉讼案件适用法律若干问题的解释》。

《中华人民共和国行政诉讼法》第二十五条规定，行政行为的相对人以及其他与行政行为有利害关系的公民、法人或者其他组织，有权提起诉讼。

有权提起诉讼的公民死亡，其近亲属可以提起诉讼。

有权提起诉讼的法人或者其他组织终止，承受其权利的法人或者其他组织可以提起诉讼。

人民检察院在履行职责中发现生态环境和资源保护、食品药品安全、国有财产保护、国有土地使用权出让等领域负有监督管理职责的行政机关违法行使职权或者不作为，致使国家利益或者社会公共利益受到侵害的，应当向行政机关提出检察建议，督促其依法履行职责。行政机关不依法履行职责的，人民检察院依法向人民法院提起诉讼。

问：《最高人民法院、最高人民检察院关于检察公益诉讼案件适用法律若干问题的解释》是什么时候通过的？

答：2018 年 2 月 23 日最高人民法院审判委员会第 1734 次会议、2018 年 2 月 11 日最高人民检察院第十二届检察委员会第 73 次会议通过，自 2018 年 3 月 2 日起施行。

问：检察建议主要有几种？

答：检察院在提起行政公益诉讼前，应当向行政机关提出检察建议，督促其依法履行职责。

《最高人民法院、最高人民检察院关于检察公益诉讼案件适用法律若干问题的解释》第二十一条规定了提起行政公益诉讼的诉前程序，即在提起行政公益诉讼前，应当向行政机关提出检察建议，督促其依法履行职责。

检察建议是人民检察院依法履行法律监督职责，参与社会治理，维护司法公正，促进依法行政，预防和减少违法犯罪，保护国家利益和社会公共利益，维护个人和组织合法权益，保障法律统一正确实施的重要方式。

人民检察院可以直接向本院所办理案件的涉案单位、本级有关主管机关以及其他有关单位提出检察建议。

检察建议主要包括以下类型：1. 再审检察建议；2. 纠正违法检察建议；3. 公益诉讼检察建议；4. 社会治理检察建议；5. 其他检察建议。

问：检察建议书一般包括哪些内容？

答：检察建议书要阐明相关的事实和依据，提出的建议应当符合法律、法规及其他有关规定，明确具体、说理充分、论证严谨、语言简洁、有操作性。

检察建议书一般包括以下内容：

1. 案件或者问题的来源；

2. 依法认定的案件事实或者经调查核实的事实及其证据；

3. 存在的违法情形或者应当消除的隐患；

4. 建议的具体内容及所依据的法律、法规和有关文件等的规定；

5. 被建议单位提出异议的期限；

6. 被建议单位书面回复落实情况的期限；

7. 其他需要说明的事项。

问：行政公益诉讼案件中，出庭检察人员应履行哪些职责？

答：法院开庭审理检察院提起的公益诉讼案件，检察院应当派员出庭，出庭检察人员应履行以下职责：

1. 宣读公益诉讼起诉书；

2. 对人民检察院调查收集的证据予以出示和说明，对相关证据进行质证；

3. 参加法庭调查，进行辩论并发表意见；

4. 依法从事其他诉讼活动。

问：检察院提起行政公益诉讼应当提交哪些材料？

答：检察院提起行政公益诉讼应当提交下列材料：

1. 行政公益诉讼起诉书，并按照被告人数提出副本；

2. 被告违法行使职权或者不作为，致使国家利益或者社会公共利益受到侵害的证明材料；

3. 检察机关已经履行诉前程序，行政机关仍不依法履行职责或者纠正违法行为的证明材料。

问：行政公益诉讼中，哪些情况判决在一定期限内履行，哪些情况判决予以变更，哪些情况判决驳回诉讼请求？

答：法院区分下列情形作出行政公益诉讼判决：

1. 被诉行政机关不履行法定职责的，判决在一定期限内履行。

2. 被诉行政机关作出的行政处罚明显不当，或者其他行政行为涉及对款额的确定、认定确有错误的，判决予以变更。

3. 被诉行政行为证据确凿，适用法律、法规正确，符合法定程序，未超越职权，未滥用职权，无明显不当，或者人民检察院诉请被诉行政机关履行法定职责理由不成立的，判决驳回诉讼请求。

问：行政公益诉讼哪些情形应该判决确认违法或者确认无效，并可以同时判决责令行政机关采取补救措施？

答：被诉行政行为具有下列情形之一的，法院判决确认违法或者确认无效，并可以同时判决责令行政机关采取补救措施。

第一，行政行为有下列情形之一的，法院判决确认违法，但不撤销行政行为：

1. 行政行为依法应当撤销，但撤销会给国家利益、社会公共利益造成重大损害的；

2. 行政行为程序轻微违法，但对原告权利不产生实际影响的。

第二，行政行为有下列情形之一，不需要撤销或者判决履行的，人民法院判决确认违法：

1. 行政行为违法，但不具有可撤销内容的；

2. 被告改变原违法行政行为，原告仍要求确认原行政行为违法的；

3. 被告不履行或者拖延履行法定职责，判决履行没有意义的。

第三，行政行为有实施主体不具有行政主体资格或者没有依据等重大且明显违法情形，原告申请确认行政行为无效的，人民法院判决确认无效。

问：行政公益诉讼中，被诉行政行为有哪些情形的，判决撤销或者部分撤销，并可以判决被诉行政机关重新作出行政行为？

答：行政行为有下列情形之一的，法院判决撤销或者部分撤销，并可以判决被告重新作出行政行为：

1. 主要证据不足的；

2. 适用法律、法规错误的；

3. 违反法定程序的；

4. 超越职权的；

5. 滥用职权的；

6. 明显不当的。

（二）法院裁判的理由

法院认为，县人民检察院提起本案诉讼符合《中华人民共和国行政诉讼法》第二十五条第四款规定的行政公益诉讼受案范围，符合法定起诉条件。

《中华人民共和国固体废物污染环境防治法》第十条第二款规定，县级以上地方人民政府环境保护行政主管部门对本行政区域内固体废物污染环境的防治工作实施统一监督管理，所以，县环境保护局是本案的适格被告。

本案双方当事人争议的主要事实和焦点问题是被告是否在公益诉讼起诉人检察建议期限内履行了环境污染监督管理职责。

《中华人民共和国固体废物污染环境防治法》第五条规定："国家对固体废物污染环境防治实行污染者依法负责的原则。"第十条第二款规定："县级以上地方人民政府环境保护行政主管部门对本行政区域内固体废物污染环境的防治工作实施统一监督管理。"本案中，张某、吴某等人未取得危险废物处置资质，未办理环保、工商登记，擅自进行废旧电池的拆解、冶炼，生产铅锭，造成涉案土地铅污染，根据上述法律规定，涉案污染土地修复治理应当由张某、吴某等人负责。由于张某、吴某等人因涉嫌刑事犯罪，被公安机关采取强制措施，炼铅作坊已被依法取缔，张某、吴某等人暂不具备对涉案污染土地治理修复的客观条件。被告作为县人民政府环境保护的行政主管部门，负有对县行政区域内固体废物污染环境的防治工作实施统一监督管理的法定职责。《中华人民共和国行政强制法》第五十条规定："行政机关依法作出要求当事人履行排除妨碍、恢复原状等义务的行政决定，当事人逾期不履行，经催告仍不履行，其后果已经或者将危害交通安全、造成环境污染或者破坏自然资源的，行政机关可以代履行，或者委托没有利害关系的第三人代履行。"被告在张某、吴某等人客观上暂不具备对涉案污染土地修复治理条件下，为消除污染持续存在状态，防止社会公共利益继续遭受侵害，应当结合《中华人民共和国环境保护法》《中华人民共和国固体废物污染环境防治法》的相关规定，对张某、吴某等人作出责令限期改正、恢复原状的命令后，及时依法代履行，或者委托没有利害关系的第三人代履行，而被告在法定期限内只履行了部分监督管理职责，涉案污染土地的修复治理工作没有得到实质性进展，被告的行为属于怠于履行环境污染监督管理职责，其履职不到位行为违法。

综上所述，被告在法定期限内怠于履行环境污染监督管理职责，涉案土地污染尚未得到有效治理，社会公共利益持续受到侵害，被告继续履行对污染土地修复治理监管职责必要性仍然存在，公益诉讼起诉人请求责令被告依法全面履行监管职责的诉讼请求事实清楚、证据充分，符合法律规定，法院应予支持。

（三）法院裁判的法律依据

《中华人民共和国行政诉讼法》

第七十二条　人民法院经过审理，查明被告不履行法定职责的，判决被告在一定期限内履行。

《最高人民法院、最高人民检察院关于检察公益诉讼案件适用法律若干问题的解释》

第二十五条　人民法院区分下列情形作出行政公益诉讼判决：

（一）被诉行政行为具有行政诉讼法第七十四条、第七十五条规定情形之一的，判决确认违法或者确认无效，并可以同时判决责令行政机关采取补救措施；

（二）被诉行政行为具有行政诉讼法第七十条规定情形之一的，判决撤销或者部分撤销，并可以判决被诉行政机关重新作出行政行为；

（三）被诉行政机关不履行法定职责的，判决在一定期限内履行；

（四）被诉行政机关作出的行政处罚明显不当，或者其他行政行为涉及对款额的确定、认定确有错误的，判决予以变更；

（五）被诉行政行为证据确凿，适用法律、法规正确，符合法定程序，未超越职权，未滥用职权，无明显不当，或者人民检察院诉请被诉行政机关履行法定职责理由不成立的，判决驳回诉讼请求。

人民法院可以将判决结果告知被诉行政机关所属的人民政府或者其他相关的职能部门。

（四）上述案例的启示

行政公益诉讼中，如何判断行政机关是否履行职责，对行政机关、行政相对人、公益诉讼人等都有重要的意义。

不履行职责是指行政机关在行政执法过程中，不履行法律规定的应尽职责，消极作为或者不作为，不尽职尽责等造成国家和社会公共利益受到侵害的行为。

行政机关是否履行职责可以从以下几方面判断：

第一，看行政相对人的违法行为是否停止。

行政相对人违法行为是否停止，可以作为行政机关是否履行法定职责的标准。

如检察机关向环保局发出检察建议后，该环保局对行政相对人作出《责令改正违法行为决定书》，责令立即停止生产后，又作出罚款的行政处罚。但该行政相对人仍处于生产状态，违法行为并没有停止。环保局虽已作出行政处罚决定，但行政相对人的违法行为并未停止，可以作为判断行政机关未履行法定职责的标准。

第二，看违法结果是否完全消除。

有的行政机关对污染土壤的相对人进行行政处罚后，未依法履行后续的修复监管职责，也未申请法院强制执行，对违法结果没有完全消除，这可以作为判断行政机关未履行法定职责的标准。

第三，看行政机关是否穷尽法律手段。

如环保局对污染土地的违法行为作出行政处罚决定后，被处罚人在指定期限内没有修复，罚款也未予收缴。相对人在法定期限内未申请行政复议或者提起行政诉讼，也没有履行行政处罚决定的，行政机关没有采取催告、加处罚款等方式督促其履行，也没有申请法院强制执行，没有使用相关法律规定的方式手段促使相对人履行义务的，也是判断行政机关不履行法定职责的标准。

第三部分　刑事篇

案例一　固体废物有污染，单位个人被处罚

一、引子和案例

（一）案例简介

本案是土壤被污染，公司和公司负责人均被检察院指控的刑事纠纷。

公诉机关是某县人民检察院。被告单位是某县化工公司和公司法定代表人薛某。

县人民检察院指控，2013年至2016年3月，被告单位某县化工公司为了公司利益，法定代表人被告人薛某决定，违反国家关于危险废物处理的规定，非法处置公司在生产过程中产生的蒸馏残渣等物质约1,187吨。期间，将部分蒸馏残渣等物质放到化工公司院内土地上进行晾晒，并将废酸水与石灰石反应产生的物质排放到迁坟形成的土坑里，造成化工公司院内土壤污染。

经省环境保护科学研究设计院检验，造成重度污染土壤体积为794.5立方米，轻度污染土壤体积为791.3立方米，该区域环境损害评估费用合计351.1万元。

案发后，化工公司已经将危险废物进行了处理，对污染的土壤进

行修复。

目前，经鉴定，被修复的土壤中苯酚、氟化物的检测结果均低于相应的修复目标值。

就上述指控事实，公诉机关当庭出示了书证、证人证言、被告人的供述与辩解、鉴定意见、现场勘查笔录等证据，认为被告单位某县化工公司及被告人薛某的行为触犯了《中华人民共和国刑法》第三百三十八条的规定，应当以污染环境罪追究其刑事责任。

另查明，县环境保护局于 2016 年 3 月 25 日作出《行政处罚决定书》，对被告单位某县化工公司作出 10 万元的处罚，被告单位于 2016 年 9 月 22 日已缴纳该项罚款。

（二）裁判结果

法院依照《中华人民共和国刑法》《最高人民法院、最高人民检察院关于适用刑事司法解释时间效力问题的规定》《最高人民法院、最高人民检察院关于办理环境污染刑事案件适用法律若干问题的解释》等规定，判决如下：

一、被告单位某县化工公司犯污染环境罪，判处罚金人民币二十万元（已缴十万元罚款予以折抵，剩余罚金已缴纳）。

二、被告人薛某构成污染环境罪，判处有期徒刑三年，缓刑四年，并处罚金人民币五万元（罚金已缴纳），缓刑考验期从判决确定之日起计算。

如不服本判决，可在接到判决书的第二日起十日内，通过本院或直接向中级人民法院提出上诉。

书面上诉的，应当提交上诉状正本一份、副本一份。

（三）与案例相关的问题

什么是罚金？

决定罚金数额的依据是什么？

罚金是否可以免除？

什么是单位犯罪？单位犯罪的构成要件有哪些？

单位犯污染环境罪的处罚依据是什么？

什么是单位犯罪的"双罚制"？

什么是单位犯罪的"单罚制"？

破坏环境资源保护罪中，有哪些犯罪适用"双罚制"？

本案发生在企业生产中，可否定重大责任事故罪？

污染环境罪与重大责任事故罪有哪些区别？

二、相关知识

问：什么是罚金？

答：罚金是法院判处犯罪人或犯罪单位向国家缴纳一定数额金钱的刑罚方法，是附加刑的其中一种，是剥夺犯罪人或犯罪单位财产权利的制裁方法。

罚金既可以附加适用，也可以独立适用，可以用于轻罪也可以用于重罪，主要适用于经济犯罪、财产犯罪和其他犯罪。法院判处罚金的法律依据是《中华人民共和国刑法》和《中华人民共和国刑事诉讼法》。罚金的执行机关是法院。

问：决定罚金数额的依据是什么？

答：依据《中华人民共和国刑法》第五十二条规定："判处罚金，应当根据犯罪情节决定罚金数额。"刑法分则有规定的，按照分则的要求决定。

比如集资诈骗罪的罚金,《刑法》第一百九十二条规定:"以非法占有为目的,使用诈骗方法非法集资,数额较大的,处五年以下有期徒刑或者拘役,并处二万元以上二十万元以下罚金;数额巨大或者有其他严重情节的,处五年以上十年以下有期徒刑,并处五万元以上五十万元以下罚金;数额特别巨大或者有其他特别严重情节的,处十年以上有期徒刑或者无期徒刑,并处五万元以上五十万元以下罚金或者没收财产。"

还有一点对被害人有利的规定是赔偿经济损失与民事优先原则。《中华人民共和国刑法》第三十六条规定:"由于犯罪行为而使被害人遭受经济损失的,对犯罪分子除依法给予刑事处罚外,并应根据情况判处赔偿经济损失。承担民事赔偿责任的犯罪分子,同时被判处罚金,其财产不足以全部支付的,或者被判处没收财产的,应当先承担对被害人的民事赔偿责任。"

问:罚金是否可以免除?

答:罚金可以免除。

罚金的缴纳有五种情况,即限期一次缴纳,限期分期缴纳,强制缴纳,随时追缴,延期缴纳减少缴纳或者是免除。

免除罚金有法律依据。依据《中华人民共和国刑法》第五十三条规定:"罚金在判决指定的期限内一次或者分期缴纳。期满不缴纳的,强制缴纳。对于不能全部缴纳罚金的,人民法院在任何时候发现被执行人有可以执行的财产,应当随时追缴。由于遭遇不能抗拒的灾祸等原因缴纳确实有困难的,经人民法院裁定,可以延期缴纳、酌情减少或者免除。"

三、与案件相关的法律问题

（一）学理知识

问：什么是单位犯罪？单位犯罪的构成要件有哪些？

答：单位犯罪是指公司、企业、事业单位、机关、团体等为单位谋取非法利益，经单位决策机构决定实施的，依法应当由单位负刑事责任的危害社会的行为。单位犯罪的构成要件：

1. 犯罪客体。

单位犯罪侵害的客体同样是刑法保护的被犯罪行为侵害的社会关系，包括一般客体、同类客体、直接客体。无论侵犯哪类客体，在自然人触犯同一罪名的情况下，单位犯罪的客体与自然人犯罪的客体是一样的。如本案污染环境罪，自然人和单位侵犯的客体都是国家防治环境污染的管理制度。

2. 犯罪的客观要件。

犯罪客观要件是刑法规定成立犯罪必须具备的客观事实，包括危害行为、结果、行为与结果的因果关系。

单位犯罪的成立必须符合单位犯罪的客观要件，按照刑法分则对各单位犯罪规定的客观条件，单位的行为完全符合刑法所规定的客观要件时，才能成立单位犯罪。

如本案的公司被判污染环境罪，是因为符合刑法分则关于污染环境罪客观要件的要求，即公司违反国家规定，排放、倾倒或者处置有放射性的废物、含传染病病原体的废物、有毒物质或者其他有害物质，实施了严重污染环境的行为。

3. 犯罪主体

单位犯罪的主体是公司、企业、事业单位、机关、团体。这里的

"公司、企业、事业单位",既包括国有、集体所有的公司、企业、事业单位,也包括依法设立的合资经营、合作经营企业和具有法人资格的独资、私营等公司、企业、事业单位。

4. 犯罪的主观要件

单位犯罪要求具有故意或者是过失,有的还要求特定的目的,如单位成立票据诈骗罪,要求具有票据诈骗的故意。如洗钱罪,除了要求"明知是毒品犯罪、黑社会性质的组织犯罪、恐怖活动犯罪、走私犯罪、贪污贿赂犯罪、破坏金融管理秩序犯罪、金融诈骗犯罪的所得及其产生的收益"外,还要有"为掩饰、隐瞒其来源和性质"的目的。

问:单位犯污染环境罪的处罚依据是什么?

答:"法无明文规定不为罪""法无明文规定不处罚"是罪刑法定原则的概括表述。如果分则中没有相应的单位犯罪的规定就不能处罚。

关于单位犯罪负刑事责任,《中华人民共和国刑法》第三十条规定:"公司、企业、事业单位、机关、团体实施的危害社会的行为,法律规定为单位犯罪的,应当负刑事责任。"

对单位犯罪的处罚原则有"双罚制"和"单罚制"。《中华人民共和国刑法》第三十一条规定:"单位犯罪的,对单位判处罚金,并对其直接负责的主管人员和其他直接责任人员判处刑罚。本法分则和其他法律另有规定的,依照规定。"

单位犯污染环境罪,适用双罚制,处罚依据是《中华人民共和国刑法》第三百三十八条的规定:违反国家规定,排放、倾倒或者处置有放射性的废物、含传染病病原体的废物、有毒物质或其他有害物质,严重污染环境的,处三年以下有期徒刑或者拘役,并处或者单处罚金;后果特别严重的,处三年以上七年以下有期徒刑,并处罚金。

第三百四十六条还规定:"单位犯本节第三百三十八条至第三百四十五条规定之罪的,对单位判处罚金,并对其直接负责的主管人员和其他直接责任人员，依照本节各该条的规定处罚。"

问：什么是单位犯罪的"双罚制"？

答：单位犯罪的"双罚制"是指对单位判处罚金，对直接负责的主管人员和直接责任人员也判处刑罚。

"双罚制"有两种情况：

1. 对单位判处罚金，对直接负责的主管人员和直接责任人员也进行处罚，和对自然人的处罚相同。

例如污染环境罪，《中华人民共和国刑法》第三百三十八条规定："违反国家规定，排放、倾倒或者处置有放射性的废物、含传染病病原体的废物、有毒物质或者其他有害物质，严重污染环境的，处三年以下有期徒刑或者拘役，并处或者单处罚金；后果特别严重的，处三年以上七年以下有期徒刑，并处罚金。"

单位犯污染环境罪的"双罚制"处罚，《中华人民共和国刑法》第三百四十六条规定："单位犯本节第三百三十八条至第三百四十五条规定之罪的，对单位判处罚金，并对其直接负责的主管人员和其他直接责任人员，依照本节各该条的规定处罚。"

这里所谓依照本节各该条的规定处罚，就是指依照对个人犯罪的规定处罚，即严重污染环境的，处三年以下有期徒刑或者拘役，并处或者单处罚金；后果特别严重的，处三年以上七年以下有期徒刑，并处罚金。

2. 对单位判处罚金，对直接负责的主管人员和直接责任人员也进行处罚，但比对自然人的处罚要轻。

根据《中华人民共和国刑法》第三百八十六条规定，个人犯受贿罪的，最重可以判处死刑。但根据第三百八十七条单位受贿罪的规定："国家机关、国有公司、企业、事业单位、人民团体，索取、非法收受他人财物，为他人谋取利益，情节严重的，对单位判处罚金，并对其直接负责的主管人员和其他直接责任人员，处五年以下有期徒刑或者拘役。"

问：什么是单位犯罪的"单罚制"？

答：单位犯罪的单罚制是指只处罚直接负责的主管人员和其他直接责任人员，而不处罚单位。

《中华人民共和国刑法》第三十一条规定："单位犯罪的，对单位判处罚金，并对其直接负责的主管人员和其他直接责任人员判处刑罚。本法分则和其他法律另有规定的，依照规定。"

就是说，如果刑法分则和其他法律规定没有规定"双罚制"的，就依法适用"单罚制"。

例如，《中华人民共和国刑法》关于私分国有资产罪、私分罚没财物罪就是"单罚制"。第三百九十六条规定："国家机关、国有公司、企业、事业单位、人民团体，违反国家规定，以单位名义将国有资产集体私分给个人，数额较大的，对其直接负责的主管人员和其他直接责任人员，处三年以下有期徒刑或者拘役，并处或者单处罚金；数额巨大的，处三年以上七年以下有期徒刑，并处罚金。司法机关、行政执法机关违反国家规定，将应当上缴国家的罚没财物，以单位名义集体私分给个人的，依照前款的规定处罚。"

私分国有资产罪、私分罚没财物罪的犯罪主体是国家机关、国有公司、企业、事业单位、人民团体，但只处罚直接负责的主管人员和其他直接责任人员，而不处罚单位。

问：破坏环境资源保护罪中，有哪些犯罪适用"双罚制"？

答：破坏环境资源保护罪中，适用"双罚制"的罪名有污染环境罪，非法处置进口的固体废物罪，擅自进口固体废物罪，非法捕捞水产品罪，非法猎捕、杀害珍贵、濒危野生动物罪，非法收购、运输、出售珍贵、濒危野生动物、珍贵、濒危野生动物制品罪，非法狩猎罪，非法占用农用地罪，非法采矿罪，破坏性采矿罪，非法采伐、毁坏国家重点保护植物罪，非法收购、运输、加工、出售国家重点保护植物、国家重点保护植物制品罪，盗伐林木罪，滥伐林木罪，非法收购、运输盗伐、滥伐的林木罪。

问：本案发生在企业生产中，可否定重大责任事故罪？

答：不能。因为不符合重大责任事故罪的构成条件。

重大责任事故罪是指在生产、作业中违反有关安全管理的规定，因而发生重大伤亡事故或者造成其他严重后果的行为。其犯罪构成：

1. 犯罪客体。重大责任事故罪侵害的客体是有关安全管理的规定，包括国家颁布的各种有关安全生产的法律、法规等规范性文件；企业、事业单位及其上级管理机关制定的反映安全生产客观规律的各种规章制度；安全管理的习惯和惯例等。

2. 客观方面。重大责任事故罪客观方面的表现是在生产、作业中违反有关安全管理规定，因而发生重大伤亡事故或者造成其他严重后果。

3. 犯罪主体。主体包括对生产作业负有组织、指挥或者管理职责的负责人、管理人员、实际控制人、投资人和直接从事生产作业等相关人员。

4. 主观方面。重大责任事故罪的罪过形式是过失。这里的过失是指应当预见到自己的行为可能发生重大伤亡事故或者造成其他严重后果，因为疏忽大意而没有预见或者已经预见而轻信能够避免，以致发生这种结果的主观心理状态。

关于重大责任事故罪的刑事责任，《中华人民共和国刑法》第一百三十四条规定："在生产、作业中违反有关安全管理的规定，因而发生重大伤亡事故或者造成其他严重后果的，处三年以下有期徒刑或者拘役；情节特别恶劣的，处三年以上七年以下有期徒刑。"

问: 污染环境罪与重大责任事故罪有哪些区别?

答: 污染环境罪在主观方面表现为过失, 重大责任事故罪的罪过形式也是过失。这两个罪在过失方面是相同的。

过失是指应当预见到自己的行为可能发生重大伤亡事故或者造成其他严重后果, 因为疏忽大意而没有预见或者已经预见而轻信能够避免, 以致发生这种结果的主观心理状态。

污染环境罪与重大责任事故罪, 在过失方面是相同的, 但是这两个罪有明显的区别。

1. 主体不同

污染环境罪的主体为一般主体, 即凡是达到刑事责任年龄具有刑事责任能力的人, 均可构成本罪。单位可以成为本罪主体。而重大责任事故罪的主体是特殊主体, 工厂等企业、事业单位对生产作业负有组织、指挥或者管理职责的负责人、管理人员、实际控制人、投资人、直接从事生产作业等相关人员。

2. 犯罪行为发生的场合不同

污染环境罪发生在排放、倾倒或者处置有放射性的废物、含传染病病原体的废物、有毒物质或者其他有害物质的过程中。而重大责任事故罪发生在生产作业过程中。

3. 客观表现形式不同

污染环境罪在客观方面表现为违反国家规定, 排放、倾倒或者处置有放射性的废物、含传染病病原体的废物、有毒物质或者其他有害物质, 严重污染环境或后果特别严重。重大责任事故罪的客观方面表现是在生产、作业中违反有关安全管理规定, 违规违法生产作业因而发生重大伤亡事故或者造成其他严重后果。

4. 侵犯的客体不同

污染环境罪侵犯的客体是国家防治环境污染的管理制度。重大责任事故罪所侵犯的客体则是社会公共安全的安全管理制度规定，包括国家颁布的各种有关安全生产的法律、法规等规范性文件；企业、事业单位及其上级管理机关制定的反映安全生产客观规律的各种规章制度；安全管理的习惯和惯例等。

（二）法院裁判的理由

法院认为，被告单位某县化工公司及被告人薛某，为了单位利益，非法处置有毒、危险物质约 1,187 吨，严重污染环境，其行为构成污染环境罪，公诉机关指控被告某县化工公司及被告人薛某的犯罪事实及罪名成立，对被告单位某县化工公司依法判处罚金，对被告人薛某依法判处有期徒刑并处罚金。

鉴于被告人薛某到案后如实供述犯罪事实，且在庭审中认罪态度较好，并已委托有资质的单位对污染土壤进行了修复，可依法对其从轻处罚。

（三）法院裁判的法律依据

《中华人民共和国刑法》

第三百三十八条 违反国家规定，排放、倾倒或者处置有放射性的废物、含传染病病原体的废物、有毒物质或者其他有害物质，严重污染环境的，处三年以下有期徒刑或者拘役，并处或者单处罚金；后果特别严重的，处三年以上七年以下有期徒刑，并处罚金。

第三十条 公司、企业、事业单位、机关、团体实施的危害社会的行为，法律规定为单位犯罪的，应当负刑事责任。

第三十一条 单位犯罪的，对单位判处罚金，并对其直接负责的主管人员和其他直接责任人员判处刑罚。本法分则和其他法律另有规定的，依照规定。

第五十二条　判处罚金，应当根据犯罪情节决定罚金数额。

第五十三条　罚金在判决指定的期限内一次或者分期缴纳。期满不缴纳的，强制缴纳。对于不能全部缴纳罚金的，人民法院在任何时候发现被执行人有可以执行的财产，应当随时追缴。

由于遭遇不能抗拒的灾祸等原因缴纳确实有困难的，经人民法院裁定，可以延期缴纳、酌情减少或者免除。

第六十七条　犯罪以后自动投案，如实供述自己的罪行的，是自首。对于自首的犯罪分子，可以从轻或者减轻处罚。其中，犯罪较轻的，可以免除处罚。

被采取强制措施的犯罪嫌疑人、被告人和正在服刑的罪犯，如实供述司法机关还未掌握的本人其他罪行的，以自首论。

犯罪嫌疑人虽不具有前两款规定的自首情节，但是如实供述自己罪行的，可以从轻处罚；因其如实供述自己罪行，避免特别严重后果发生的，可以减轻处罚。

第七十二条　对于被判处拘役、三年以下有期徒刑的犯罪分子，同时符合下列条件的，可以宣告缓刑，对其中不满十八周岁的人、怀孕的妇女和已满七十五周岁的人，应当宣告缓刑：

（一）犯罪情节较轻；

（二）有悔罪表现；

（三）没有再犯罪的危险；

（四）宣告缓刑对所居住社区没有重大不良影响。

宣告缓刑，可以根据犯罪情况，同时禁止犯罪分子在缓刑考验期限内从事特定活动，进入特定区域、场所，接触特定的人。

被宣告缓刑的犯罪分子，如果被判处附加刑，附加刑仍须执行。

第七十三条　拘役的缓刑考验期限为原判刑期以上一年以下，但是不能少于二个月。

有期徒刑的缓刑考验期限为原判刑期以上五年以下，但是不能少于一年。

缓刑考验期限，从判决确定之日起计算。

《最高人民法院、最高人民检察院关于适用刑事司法解释时间效力问题的规定》

三、对于新的司法解释实施前发生的行为，行为时已有相关司法解释，依照行为时的司法解释办理，但适用新的司法解释对犯罪嫌疑人、被告人有利的，适用新的司法解释。

《最高人民法院、最高人民检察院关于办理环境污染刑事案件适用法律若干问题的解释》

第一条第（二）项　实施刑法第三百三十八条规定的行为，具有下列情形之一的，应当认定为"严重污染环境"：

（二）非法排放、倾倒、处置危险废物三吨以上的；

第六条　无危险废物经营许可证从事收集、贮存、利用、处置危险废物经营活动，严重污染环境的，按照污染环境罪定罪处罚；同时构成非法经营罪的，依照处罚较重的规定定罪处罚。

实施前款规定的行为，不具有超标排放污染物、非法倾倒污染物或者其他违法造成环境污染的情形的，可以认定为非法经营情节显著轻微危害不大，不认为是犯罪；构成生产、销售伪劣产品等其他犯罪的，以其他犯罪论处。

（四）上述案例的启示

本案被告人薛某构成污染环境罪，被判处有期徒刑三年，缓刑四年，并处罚金人民币五万元（罚金已缴纳）。薛某属于直接负责的主管人员。

根据《全国法院审理金融犯罪案件工作座谈会纪要》，对单位犯罪直接负责的主管人员和其他直接责任人员的认定要求是，直接负责的主管人员，是在单位实施的犯罪中起决定、批准、授意、纵容、指挥等作用的人员，一般是单位的主管负责人，包括法定代表人。其他直接责任人员，是在单位犯罪中具体实施犯罪并起较大作用的人员，既可以是单位的经营管理人员，也可以是单位的职工，包括聘任、雇佣的人员。

应当注意的是，在单位犯罪中，对于受单位领导指派或奉命而参与实施了一定犯罪行为的人员，一般不宜作为直接责任人员追究刑事责任。对单位犯罪中的直接负责的主管人员和其他直接责任人员，应根据其在单位犯罪中的地位、作用和犯罪情节，分别处以相应的刑罚，主管人员与直接责任人员，在个案中，不是当然的主、从犯关系，有的案件，主管人员与直接责任人员在实施犯罪行为的主从关系不明显的，可不分主、从犯。但具体案件可以分清主、从犯，且不分清主、从犯，在同一法定刑档次、幅度内量刑无法做到罪刑相适应的，应当分清主、从犯，依法处罚。

案例二　选矿厂污染土壤，监管人员未处罚

一、引子和案例

（一）案例简介

本案是有关某选矿厂污染土壤，监管人员涉嫌环境监管失职罪的案件。

公诉机关是某县检察院。被告人：宁某，某县环保局执法大队大队长；全某，某县环保局环境监察大队副大队长。

被告人宁某从 2013 年 7 月起担任某县环保局环境监察大队大队长，全面负责县辖区内污染企业的查处和监察等工作，在 2009 年至 2013 年任监察大队副大队长时，负责包括案件中的某选矿厂在内的平原片区的环境污染查处和监察工作。

被告人全某 2013 年 7 月至 2017 年 2 月任环境监察大队副大队长兼二中队队长，负责包括案件中的选矿厂在内的污染企业的查处和监察工作，其间 2015 年 6 月至 2015 年 11 月因病休假。

早在 2006 年，欧某找到廖某（另案处理）在某村租地三十余亩建了某选矿厂，后由于矿价下跌，将厂里的厂房、机械、池子都给了廖某抵租金。到 2012 年，矿价上涨，廖某未办理任何生产经营手续就在

以前欧某的选矿厂的基础上重开了一个选矿厂，并进行了扩建。该选矿厂主要从事硫铁矿的选矿，赚取加工费，生产流程是将原矿先用球磨机打碎冲洗，将铁、硫分离，剩下的尾渣和废水排到工厂里面的池子里。该厂每当在县环保局监察队巡查时就停产几天，之后再继续开工。如2017年1月16日，宁某、全某等到该厂查封了配电房、电闸，该厂待执法人员走后撕掉封条继续生产。

2012年12月13日，县环保局环境监察大队对某选矿厂处以罚款6,000元；2013年6月，宁某担任监察大队大队长，在年底重新对选矿厂进行调查时发现该厂有生产痕迹；2013年10月9日，监察队打报告到县纪委监察室，请求成立督查领导小组，督促电力部门对全县的非法企业进行停电处理，但当时没有对该厂进行处罚。

监察大队经巡查发现某选矿厂已经停止生产，但是未拆除供电设施。2014年2月19日对某选矿厂进行立案调查，3月7日下达行政处罚决定书，作出罚款5万元、停止生产、拆除生产设备的行政处罚决定，某选矿厂实际缴纳罚款15,000元。县环境保护局致函经信委，要求督促电力部门对该企业停止供电，监察队配合电力部门到该厂拆除了供电设施。

2015年，宁某、全某等人对某选矿厂巡查了三次，发现有生产迹象后口头要求停止生产、拆除设备。县环保局2015年1月4日致函县经信委，请求督促电力公司立即停止对某选矿厂供应生产用电。某选矿厂2015年10月27日缴纳罚款1万元。2016年分别由宁某、全某带队三次对该厂巡查，均发现该厂处在停产状态，但生产设备未拆除，均没有作出处理。

县环境保护局于2016年7月5日向县政府提交《关于关闭小造纸厂等10家淘汰落后产能企业的请示》，要求关闭取缔10家淘汰落后产能企业（含该选矿厂），县政府给予了"请尽快落实"的批复，但未明确牵头部门，未组织实施。

2017 年 1 月 16 日，环保局监察队对某选矿厂配电房、电闸进行查封。2017 年 2 月，宁某等人对该选矿厂再次进行复查，发现有恢复生产迹象，监察队再次对该厂进行了立案处罚，下达《行政处罚决定书》，作出了罚款 5 万元、停止生产、拆除生产设备的处罚决定。2017 年 4 月 28 日，环保部门配合政府统一组织对该厂用挖掘机实施了强制捣毁，但未完全拆除该厂设备。2017 年 5 月 6 日，宁某到现场参与对某选矿厂的彻底拆除，后以该厂未办理相关环保手续、责令停产拒不执行为由移交公安部门处理。

经县国土局测绘，某选矿厂非法占地面积共 86.41 亩，其中林地 11.25 亩、工矿用地 69.9 亩、农村道路 0.56 亩、裸地 4.7 亩。市环境监测站作出监测报告，对某选矿厂区 7 个监测点位取样进行分析，监测结果为多个监测点铅超标，镉超标，砷超标，锰全部超标。

环境保护部华南环境科学研究所作出《环境损害鉴定评估报告》，显示选矿厂造成环境损害，厂区土壤、污水池内的底泥、厂区范围内的地下水、厂区内残留的地表水及厂外池塘水均有不同程度的超标；环境损害量化结果损失共计约 65.56 万元以上，其中事务性费用 20.6 万元、林地损失 21.14 万元、生态服务功能损失仅考虑释氧固碳损失约为 23.82 万元；经估算，土壤修复费用为 2,967.82 万元，厂内残留污水及厂外池塘水修复费用为 95.41 万元，土壤及污水修复总费用估算结果为合计 3,063 万元。

县检察院指控：2012 年至 2017 年 4 月间，某选矿厂未办理任何生产经营手续，非法进行生产，大量排放污水，被告人宁某、全某作为负责查办环境污染的主要执法人员，在对选矿厂进行日常巡查和行政执法的过程中，严重不负责任，没有严格按照相关规定的要求履行职责，没有依法对该厂的行政处罚进行追踪和落实，也没有在日常巡查中对该厂进行监管,导致某选矿厂持续生产、大量排污,造成环境污染,致使某选矿厂所占用土地的土壤、底泥、地表水、地下水均存在不同程度的污染,损失约 65.56 万元以上,土壤及污水修复总费用估算结果为 3,063 万元。

依照《中华人民共和国刑法》第四百零八条规定,被告人宁某、全某应承担环境监管失职罪的刑事责任。

被告人宁某对公诉机关指控的犯罪事实有异议,对公诉机关指控犯环境监管失职罪表示认罪,请求免于处罚。辩护人提出宁某不构成环境监管失职罪的辩护意见。

被告人全某对公诉机关指控的犯罪事实无异议,但认为尽了自己的工作职责,对公诉机关指控犯环境监管失职罪请求免于处罚。辩护人提出被告人全某不构成环境监管失职罪。

(二)裁判结果

法院依照《中华人民共和国刑法》第四百零八条、第三十七条,对被告人宁某适用《中华人民共和国刑法》第六十七条第一款、第六十八条,对被告人全某适用《中华人民共和国刑法》第六十七条第三款,判决如下:

一、被告人宁某构成环境监管失职罪,免予刑事处罚;

二、被告人全某构成环境监管失职罪,免予刑事处罚。

如不服本判决,可在接到判决书的第二日起十日内,通过法院或者直接向市中级人民法院提出上诉,书面上诉的,应当提交上诉状正本一份,副本七份。

(三)与案例相关的问题

不追究刑事责任的情形有哪些?

114

什么是环境监管失职罪？

污染环境罪与环境监管失职罪有哪些区别？

玩忽职守罪与环境监管失职罪有哪些区别？

什么是免予刑事处罚？刑法总则关于免予刑事处罚的规定有哪些？

什么是追究刑事责任？对不追究刑事责任的情形，公安司法机关会作出什么处理？

在审判阶段，如被告人死亡，法院将如何处理？

二、相关知识

问：不追究刑事责任的情形有哪些？

答：《中华人民共和国刑事诉讼法》第十六条规定，有下列情形之一的，不追究刑事责任，已经追究的，应当撤销案件，或者不起诉，或者终止审理，或者宣告无罪：

1. 情节显著轻微、危害不大，不认为是犯罪的；

2. 犯罪已过追诉时效期限的；

关于追诉时效期限，《中华人民共和国刑法》第八十七条规定，犯罪经过下列期限不再追诉：

（1）法定最高刑为不满五年有期徒刑的，经过五年；

（2）法定最高刑为五年以上不满十年有期徒刑的，经过十年；

（3）法定最高刑为十年以上有期徒刑的，经过十五年；

（4）法定最高刑为无期徒刑、死刑的，经过二十年。如果二十年以后认为必须追诉的，须报请最高人民检察院核准。

3. 经特赦令免除刑罚的；

4. 依照刑法告诉才处理的犯罪，没有告诉或者撤回告诉的。

告诉才处理是指被害人向法院提出控告，要求对犯罪人追究刑事责任时，法院才能受理处理，如果不告诉，法院则不能受理处理。

《中华人民共和国刑法》第九十八条规定："本法所称告诉才处理，是指被害人告诉才处理。如果被害人因受强制、威吓无法告诉的，人民检察院和被害人的近亲属也可以告诉。"

告诉才处理的案件包括以下四种：

1. 污辱、诽谤案（《中华人民共和国刑法》第二百四十六条规定的，但严重危害社会秩序和国家利益的除外）；

2. 暴力干涉婚姻自由案（《中华人民共和国刑法》第二百五十七条第一款规定的）；

3. 虐待案（《中华人民共和国刑法》第二百六十条第一款规定的）；

4. 侵占案（《中华人民共和国刑法》第二百七十条规定的）；

5. 犯罪嫌疑人、被告人死亡的；

6. 其他法律规定免予追究刑事责任的。

三、与案件相关的法律问题

（一）学理知识

问：什么是环境监管失职罪？

答：环境监管失职罪是指负有环境保护监督管理职责的国家机关工作人员严重不负责任，导致发生重大环境污染事故，致使公私财产遭受重大损失或者造成人身伤亡的严重后果的行为。

《中华人民共和国刑法》第四百零八条对环境监管失职罪有规定："负有环境保护监督管理职责的国家机关工作人员严重不负责任，导致发生重大环境污染事故，致使公私财产遭受重大损失或者造成人身伤亡的严重后果的，处三年以下有期徒刑或者拘役。"

环境监管失职罪侵犯的客体，是国家环境保护机关的监督管理活动和国家对保护环境防治污染的管理制度。

本罪在客观方面表现为严重不负责任，导致发生重大环境污染事故，致使公私财产遭受重大损失或者造成人身伤亡的严重后果的行为。

本罪主体为特殊主体，是负有环境保护监督管理职责的国家机关工作人员，具体是指各级生态环境主管部门从事环境保护工作的人员以及其他负有环境保护监督管理职责的国家机关工作人员。

本罪的主观上是过失，也不能排除放任的间接故意的存在。如明知有关单位排放污水的行为违反环境保护法，可能造成重大环境污染事故，危及公私财产或人身安全，但严重不负责任，不采取任何措施予以制止，而是采取放任的态度，以致产生严重后果。行为人主观上属于放任的间接故意，不是过失。

问：污染环境罪与环境监管失职罪有哪些区别？

答：污染环境罪是指违反国家规定，排放、倾倒或者处置有放射性的废物、含传染病病原体的废物、有毒物质或者其他有害物质，严重污染环境的行为。

环境监管失职罪是指负有环境保护监督管理职责的国家机关工作人员严重不负责任，导致发生重大环境污染事故，致使公私财产遭受重大损失或者造成人身伤亡的严重后果的行为。

污染环境罪与环境监管失职罪都是结果犯，都造成环境污染事故，主观上都有过失，有时也有故意，是间接故意。两罪的主要区别如下：

1. 客体不同

污染环境罪的客体是国家环境保护和环境污染防治的管理制度，属于破坏环境资源的犯罪。而环境监管失职罪侵犯的客体是国家环境保护机关的监督管理活动和国家对保护环境防治污染的管理制度，属于渎职犯罪。

2. 客观方面不同

污染环境罪表现为违反国家规定，排放、倾倒或者处置有放射性的废物、含传染病病原体的废物、有毒物质或者其他有害物质，严重污染环境的行为。

环境监管失职罪表现为负有环境保护监督管理职责的国家机关工作人员严重不负责任，导致发生重大环境污染事故，致使公私财产遭受重大损失或者造成人身伤亡的严重后果的行为。

3. 主体不同

污染环境罪的主体既可以是自然人，也可以是单位。环境监管失职罪的主体是特殊主体，即负有环境保护监督管理职责的国家机关工作人员，单位不构成该罪主体。

问：玩忽职守罪与环境监管失职罪有哪些区别？

答：玩忽职守罪是指国家机关工作人员玩忽职守，致使公共财产、国家和人民的利益遭受重大损失的行为。

环境监管失职罪是指负有环境保护监督管理职责的国家机关工作人员严重不负责任，导致发生重大环境污染事故，致使公私财产遭受重大损失或者造成人身伤亡的严重后果的行为。

玩忽职守罪和环境监管失职罪都是渎职犯罪，都是结果犯，都是过失犯罪。两罪的主要区别如下：

1. 客体要件不同

玩忽职守罪侵犯的客体是国家机关的正常活动。由于国家机关工作人员对本职工作严重不负责，不遵纪守法，违反规章制度，玩忽职守，不履行应尽的职责义务，致使国家机关的某项具体工作遭到破坏，给国家、集体和人民利益造成严重损害，从而危害了国家机关的正常活动。

而环境监管失职罪侵犯的客体是国家环境保护机关的监督管理活动和国家对保护环境防治污染的管理制度。

2. 客观要件不同

玩忽职守罪在客观方面表现为玩忽职守，对工作严重不负责任，不履行职责或者不正确履行职责。违反工作纪律、规章制度，擅离职守，不尽职责义务或者不认真履行职责义务，致使公共财产、国家和人民利益遭受重大损失的行为。

环境监管失职罪在客观方面表现为严重不负责任，导致发生重大环境污染事故，致使公私财产遭受重大损失或者造成人身伤亡的严重后果的行为。

3. 主体要件不同

玩忽职守罪的主体是国家机关工作人员，是指在各级人大及其常委会、各级人民政府、各级人民法院和人民检察院中依法从事公务的人员。

环境监管失职罪主体为特殊主体，是负有环境保护监督管理职责的国家机关工作人员，具体是指各级政府环境保护行政主管部门从事环境保护工作的人员以及其他负有环境保护监督管理职责的国家机关工作人员。

4. 主观要件不同

玩忽职守罪在主观方面由过失构成，故意不构成本罪，也就是说，行为人对于其行为所造成的重大损失结果，在主观上并不是出于故意而是由于过失造成的。也就是他应当知道玩忽职守可能会发生一定的社会危害结果，但是他疏忽大意而没有预见，或者是虽然已经预见到可能会发生，但他凭借着自己的知识或者经验而轻信可以避免，以致发生了造成严重损失的危害结果。

环境监管失职罪的主观上是过失，也不能排除放任的间接故意的存在，如明知有关单位排放污水的行为违反环境保护法，可能造成重大环境污染事故，危及公私财产或人身安全，但严重不负责任，不采取任何措施予以制止，而是采取放任的态度，以致产生严重后果。行为人主观上属于放任的间接故意，不是过失。

问：什么是免予刑事处罚？刑法总则关于免予刑事处罚的规定有哪些？

答：免予刑事处罚是指对构成犯罪，但依照法律规定不需要判处刑罚的某种行为，判决有罪但免予处罚的一种刑罚。

《中华人民共和国刑法》总则中关于应当免予刑事处罚的规定有：

1. 犯罪情节轻微

第三十七条："对于犯罪情节轻微不需要判处刑罚的，可以免予刑事处罚，但是可以根据案件的不同情况，予以训诫或者责令具结悔过、赔礼道歉、赔偿损失，或者由主管部门予以行政处罚或者行政处分。"

2. 又聋又哑的人或盲人

第十九条："又聋又哑的人或者盲人犯罪，可以从轻、减轻或者免除处罚。"

3. 正当防卫

第二十条："为了使国家、公共利益、本人或者他人的人身、财产和其他权利免受正在进行的不法侵害，而采取的制止不法侵害的行为，对不法侵害人造成损害的，属于正当防卫，不负刑事责任。

"正当防卫明显超过必要限度造成重大损害的，应当负刑事责任，但是应当减轻或者免除处罚。

"对正在进行行凶、杀人、抢劫、强奸、绑架以及其他严重危及人身安全的暴力犯罪，采取防卫行为，造成不法侵害人伤亡的，不属于防卫过当，不负刑事责任。"

4. 紧急避险

第二十一条："为了使国家、公共利益、本人或者他人的人身、财产和其他权利免受正在发生的危险，不得已采取的紧急避险行为，造成损害的，不负刑事责任。

"紧急避险超过必要限度造成不应有的损害的，应当负刑事责任，但是应当减轻或者免除处罚。

"第一款中关于避免本人危险的规定，不适用于职务上、业务上负有特定责任的人。"

5. 预备犯

第二十二条："为了犯罪，准备工具、制造条件的，是犯罪预备。

"对于预备犯，可以比照既遂犯从轻、减轻处罚或者免除处罚。"

6. 中止犯没有造成损害的

第二十四条："在犯罪过程中，自动放弃犯罪或者自动有效地防止犯罪结果发生的，是犯罪中止。

"对于中止犯，没有造成损害的，应当免除处罚；造成损害的，应当减轻处罚。"

7. 从犯

第二十七条："在共同犯罪中起次要或者辅助作用的，是从犯。

"对于从犯，应当从轻、减轻处罚或者免除处罚。"

8. 胁从犯

第二十八条："对于被胁迫参加犯罪的，应当按照他的犯罪情节减轻处罚或者免除处罚。"

9. 自首

第六十七条："犯罪以后自动投案，如实供述自己的罪行的，是自首。对于自首的犯罪分子，可以从轻或者减轻处罚。其中，犯罪较轻的，可以免除处罚。

"被采取强制措施的犯罪嫌疑人、被告人和正在服刑的罪犯，如实供述司法机关还未掌握的本人其他罪行的，以自首论。

犯罪嫌疑人虽不具有前两款规定的自首情节，但是如实供述自己罪行的，可以从轻处罚；因其如实供述自己罪行，避免特别严重后果发生的，可以减轻处罚。"

10. 立功

第六十八条："犯罪分子有揭发他人犯罪行为，查证属实的，或者提供重要线索，从而得以侦破其他案件等立功表现的，可以从轻或者减轻处罚；有重大立功表现的，可以减轻或者免除处罚。"

11. 对外国刑事判决的消极承认

第十条："凡在中华人民共和国领域外犯罪，依照本法应当负刑事责任的，虽然经过外国审判，仍然可以依照本法追究，但是在外国已经受过刑罚处罚的，可以免除或者减轻处罚。"

问：免予刑事处罚和不追究刑事责任有什么区别？

免予刑事处罚和不追究刑事责任的区别主要是：

1. 法院审理结果不同

免予处罚的结果是有罪但是免予刑事处罚；不追究刑事责任的审理结果是：终止审理或是宣告无罪。

2. 发生阶段不同

免予刑事处罚是发生在法院审理终结后的裁判阶段；不追究刑事责任的情形可以发生在立案、侦查、起诉、审判各个阶段。

3. 是否有罪不同

免予处罚的结果是判决有罪但免予刑事处罚；不追究刑事责任的情形可能有罪也可能无罪。

问：什么是追究刑事责任？对不追究刑事责任的情形，公安司法机关会作出什么处理？

答：追究刑事责任是指通过立案、侦查、起诉、审判活动，追查、究问涉嫌违法犯罪应承担的刑事法律后果。刑事责任包括犯罪和刑事处罚两方面。追究刑事责任，既是对犯罪的追究也是对刑事处罚的追究。

不追究刑事责任是指公安司法机关对符合法律的情形不追究刑事责任，已经追究的，应当撤销案件，或者不起诉，或者终止审理，或者宣告无罪。

公安司法机关对法律规定的不追究刑事责任的情形，在不同诉讼阶段作出不同的处理，具体情况是：

1. 在立案阶段处理

法院发现自诉案件有不追究刑事责任情形之一的，应当不予受理；公诉案件有法律规定的不追究刑事责任的情形之一的，公安机关和检察院应当作出不立案的决定。

2. 在侦查阶段处理

侦查机关发现有法律规定的不追究刑事责任的情形之一的，应当作出撤销案件的决定。

3. 在审查起诉阶段处理

检察院发现有法律规定的不追究刑事责任的情形之一的，应当作出不起诉的决定。

4. 在审判阶段处理

对于有法律规定的不追究刑事责任的情形之一的，即情节显著轻微、危害不大，不认为是犯罪的，法院应当判决宣告无罪；对于其他有法律规定的不追究刑事责任的其他五种情形之一的，应裁定终止审理或退回检察院，即法院对提起公诉的案件审查后，属于告诉才处理的案件，应当退回检察院，并告知被害人有权提起自诉。

问：在审判阶段，如被告人死亡，法院将如何处理？

答：在审判阶段，被告人死亡分两种情况：

第一，在一审、审判监督程序中的被告人死亡的，应当裁定终止审理，但有证据证明被告人无罪，应当判决被告人无罪。

《中华人民共和国刑事诉讼法》第二百九十七条："被告人死亡的，人民法院应当裁定终止审理，但有证据证明被告人无罪，人民法院经缺席审理确认无罪的，应当依法作出判决。人民法院按照审判监督程序重新审判的案件，被告人死亡的，人民法院可以缺席审理，依法作出判决。"

第二，共同犯罪案件，上诉的被告人死亡，其他被告人未上诉的，第二审法院仍应对全案进行审查。

《最高人民法院关于适用〈中华人民共和国刑事诉讼法〉的解释》第三百一十二条："共同犯罪案件，上诉的被告人死亡，其他被告人未上诉的，第二审人民法院仍应对全案进行审查。经审查，死亡的被告人不构成犯罪的，应当宣告无罪；构成犯罪的，应当终止审理。对其他同案被告人仍应作出判决、裁定。"

（二）法院裁判的理由

法院认为，被告人宁某、全某身为环境监察执法人员，负责污染企业的查处和监察工作，在查处无环评手续的某选矿厂过程中，未能严格履行职责，没有依法依规采取措施坚决彻底予以取缔，导致选矿厂长期非法生产、大量排污。环境保护部华南环境科学研究所作出的《环境损害鉴定评估报告》显示某选矿厂造成环境损害，厂区土壤、污水池内的底泥、厂区范围内的地下水、厂区内残留的地表水及厂外池塘水均有不同程度的超标、污染，环境损害量化结果显示环境损失共计约65.56万元以上，被告人宁某、全某的行为已构成环境监管失职罪。

公诉机关指控的罪名成立，法院予以支持。对于被告人宁某、全某及其各自辩护人提出的不构成环境监管失职罪的辩护意见，法院不予采纳。

被告人宁某接受县检察院询问时如实反映了基本案情，传唤到案后被采取强制措施，根据《最高人民法院关于处理自首和立功具体应用法律若干问题的解释》第一条第（一）项的规定，是自首，可以依法从轻处罚。电话举报并配合公安机关将网上刑拘在逃人员抓获归案，是立功，可以依法从轻处罚。

被告人宁某具有自首、立功情节的辩护意见，法院予以采纳。

被告人全某到案后如实供述犯罪事实，可以依法从轻处罚。

结合本案实际情况，对被告人宁某、全某可免予刑事处罚。

（三）法院裁判的法律依据

《中华人民共和国刑法》

第四百零八条　负有环境保护监督管理职责的国家机关工作人员严重不负责任，导致发生重大环境污染事故，致使公私财产遭受重大损失或者造成人身伤亡的严重后果的，处三年以下有期徒刑或者拘役。

第三十七条　对于犯罪情节轻微不需要判处刑罚的，可以免予刑事处罚，但是可以根据案件的不同情况，予以训诫或者责令具结悔过、赔礼道歉、赔偿损失，或者由主管部门予以行政处罚或者行政处分。

第六十七条　犯罪以后自动投案，如实供述自己的罪行的，是自首。对于自首的犯罪分子，可以从轻或者减轻处罚。其中，犯罪较轻的，可以免除处罚。

被采取强制措施的犯罪嫌疑人、被告人和正在服刑的罪犯，如实供述司法机关还未掌握的本人其他罪行的，以自首论。

犯罪嫌疑人虽不具有前两款规定的自首情节，但是如实供述自己罪行的，可以从轻处罚；因其如实供述自己罪行，避免特别严重后果发生的，可以减轻处罚。

第六十八条　犯罪分子有揭发他人犯罪行为，查证属实的，或者提供重要线索，从而得以侦破其他案件等立功表现的，可以从轻或者减轻处罚；有重大立功表现的，可以减轻或者免除处罚。

《最高人民法院关于处理自首和立功具体应用法律若干问题的解释》

第一条 根据刑法第六十七条第一款的规定，犯罪以后自动投案，如实供述自己的罪行的，是自首。

（一）自动投案，是指犯罪事实或者犯罪嫌疑人未被司法机关发觉，或者虽被发觉，但犯罪嫌疑人尚未受到讯问、未被采取强制措施时，主动、直接向公安机关、人民检察院或者人民法院投案。

犯罪嫌疑人向其所在单位、城乡基层组织或者其他有关负责人员投案的；犯罪嫌疑人因病、伤或者为了减轻犯罪后果，委托他人先代为投案，或者先以信电投案的；罪行未被司法机关发觉，仅因形迹可疑被有关组织或者司法机关盘问、教育后，主动交代自己的罪行的；犯罪后逃跑，在被通缉、追捕过程中，主动投案的；经查实确已准备去投案，或者正在投案途中，被公安机关捕获的，应当视为自动投案。

并非出于犯罪嫌疑人主动，而是经亲友规劝、陪同投案的；公安机关通知犯罪嫌疑人的亲友，或者亲友主动报案后，将犯罪嫌疑人送去投案的，也应当视为自动投案。

犯罪嫌疑人自动投案后又逃跑的，不能认定为自首。

（二）如实供述自己的罪行，是指犯罪嫌疑人自动投案后，如实交代自己的主要犯罪事实。

犯有数罪的犯罪嫌疑人仅如实供述所犯数罪中部分犯罪的，只对如实供述部分犯罪的行为，认定为自首。

共同犯罪案件中的犯罪嫌疑人，除如实供述自己的罪行，还应当供述所知的同案犯，主犯则应当供述所知其他同案的共同犯罪事实，才能认定为自首。

犯罪嫌疑人自动投案并如实供述自己的罪行后又翻供的，不能认定为自首，但在一审判决前又能如实供述的，应当认定为自首。

（四）上述案例的启示

法院判决本案的两名被告构成环境监管失职罪，免予刑事处罚。

免予刑事处罚和不追究刑事责任有联系也有区别。

免除刑事处罚，是指某种行为构成犯罪，依照法律规定不需要判处刑罚的，判决有罪但免罚的一种处罚。免予刑事处罚，只是免除对被告人刑罚而没有免除对被告人的犯罪追究认定，免予刑事处罚仍是在追究刑事责任。

追究刑事责任，是指通过立案、侦查、起诉、审判活动，追查、究问涉嫌违法犯罪应承担的刑事法律后果。刑事责任包括犯罪和刑事处罚两方面。追究刑事责任，既是对犯罪的追究也是对刑事处罚的追究。

不追究刑事责任，是指公安司法机关对符合法律的情形不追究刑事责任，已经追究的，应当撤销案件，或者不起诉，或者终止审理，或者宣告无罪。

案例三 土壤被废水污染，监管人员却无罪

一、引子和案例

（一）案例简介

本案是和土壤污染相关的抗诉案件。

抗诉机关（原公诉机关）是县检察院。

被告人冯某从 2009 年 11 月至 2010 年 9 月 30 日担任县环境保护局环境监察中队中队长，负责县工业区的环境保护监督管理工作。被告人张某从 2010 年 10 月 1 日至 2010 年 10 月 31 日担任该中队中队长。被告人吕某从 2010 年 11 月 1 日至 2011 年 9 月担任该中队中队长。

位于县工业区的某公司于 2009 年 3 月 10 日在县发展改革局立项，2009 年 10 月 20 日，县环保局作出《关于某公司年产 10,000 吨邻苯二甲酸二丁酯项目环境影响报告书》的预审意见，同意该项目上报市环保局审批。

2009 年 11 月 25 日，市环境保护局作出《关于某公司邻苯二甲酸二丁酯项目环境影响报告书的批复》，同意该项目建设；该项目建成后，必须向市局提交试生产申请，经环保部门检查同意后，方可进行试生产；试生产三个月内向市局申请竣工环境保护验收，经市局验收合格

后，方可正式投入生产，该项目试生产前必须到安全生产监督管理部门办理相关手续；该项目的日常环保监督管理工作由县环保局负责。

某公司于 2010 年 4 至 5 月在生产车间西门两侧分别打了两眼渗水井，北侧渗井深约 6.5 米，南侧渗井深约 4 米，于 2010 年 6 月至 11 月期间，将生产设备调试过程中产生的含有邻苯二甲酸二丁酯的一部分废水排入渗水井内。

冯某在任职期间，先后于 2009 年 12 月 11 日、2010 年 3 月 25 日、2010 年 4 月 3 日、2010 年 4 月 13 日和 2010 年 7 月 8 日到某公司进行现场检查和监察，填写了现场检查笔录和现场环境监察记录单，该公司负责人梁某在记录上签了字，并于 2009 年 12 月 11 日、2010 年 3 月 25 日、2010 年 4 月 4 日对梁某制作了调查询问笔录。

第一次检查结果为"经查，该厂厂房建设基本完毕，正在硬化路面，车间设备正在安装，无环保审批手续"；第二次检查结果为"经查，该厂正在生产二丁酯，4 吨卧式蒸汽锅炉一台正在使用，除尘设施一座正在使用，有环评审批手续，未验收，无排放许可证"；第三次检查结果为"经查，该厂正在生产，现场提取水样 1 份"；第一次监察情况为"经查，该厂正在生产，大气治理设施正在运行，有环评，未验收，无排污许可证，无试生产批复"，处理建议为"立即停产、完善环保手续、未经环保部门允许不得私自开工生产"；第二次监察情况为"经查，该厂正在生产，大气治理设施正在运转，无环保审批手续"，处理建议为"尽快办理环保审批手续"。

某公司在向渗井内排放污水期间，张某和吕某没有到该公司进行过现场监察。

2010 年 12 月 20 日，市环保局作出《关于责令某公司邻苯二甲酸二丁酯项目停止试生产的通知》，责令该公司立即停止试生产，并按要求进行整改，未经同意不得试生产，该项目的停产、整改工作由县环保局负责监督落实。

2010 年 12 月 29 日，某公司与另外一家公司签订了污水处理工程协议书。

某公司在污水处理工程施工期间将两个渗水井填埋。

市环保局于 2011 年 2 月 12 日作出《关于同意某公司邻苯二甲酸二丁酯项目试生产的函》，同意该项目投入试生产，试生产期从 2011 年 3 月 1 日至 6 月 1 日。之后，于 2011 年 11 月 8 日出具意见，同意该项目通过竣工环境保护验收，该项目日常环境保护监督管理工作，由县环保局负责，并于 2011 年 12 月 13 日向该公司颁发了排放污染物许可证。

2013 年 2 月，某公司利用渗井排放工业废水案被媒体曝光后，县环保局委托一家科技公司对该公司渗井周围的土壤进行了修复。

2013 年 4 月，轻工业环境保护研究所出具了《某公司场地修复验收报告》，该报告对场地的评价结论为，根据初次采样和详细采样调查结果，土壤中检出特征污染物邻苯二甲酸二丁酯，且靠近排污渗井的位置土壤样品的浓度较高，说明排污渗井排放的污染物对周围的环境造成了一定的污染；邻苯二甲酸二丁酯长期存留在土壤中，会随着雨水淋溶下渗到沙层，可能造成地下水污染，存在潜在风险；因此建议首先对该场地土壤污染采取一定的治理措施，消除污染源，同时定期开展该场地周边地下水的采样监测，防止污染风险；修复范围为 1 号渗井周边土壤修复面积约 200 平方米，修复深度约 6.5 米；2 号渗井周边土壤修复面积约 90 平方米，修复深度约 4 米，合计土壤修复土方量约为 1,660 立方米。

此次修复土壤的费用为 86 万元，由某公司支付。

上述事实有相关证据能够证明。

法院于 2015 年 4 月 23 日作出刑事判决，判决被告人冯某、张某、吕某无罪。县检察院不服提出抗诉。

县检察院抗诉称：1.一审法院违反法定诉讼程序；2.一审法院认定事实不清；3.一审法院适用法律错误。

原审被告人冯某辩护意见为对某公司的环境监管不属于被告人的职责范围，经济损失的数额不能确定，本案事实不清，定罪证据不足，应当判决被告人无罪。原审被告人张某辩护意见为对某公司的环境监管不属于被告人张某的职责范围，经济损失的数额不能确定，且被告人不存在"严重不负责任"的行为，本案张某无罪。原审被告人吕某辩护意见为吕某在某公司暗井排污事件中，不存在严重不负责任导致86万元经济损失的行为，吕某无罪。

（二）裁判结果

二审法院依照《中华人民共和国刑事诉讼法》等相关规定，裁定如下：驳回抗诉，维持原判。本裁定为终审裁定。

（三）与案例相关的问题

玩忽职守罪，哪些情况属于"致使公共财产、国家和人民利益遭受重大损失"，处三年以下有期徒刑或者拘役？

玩忽职守罪，哪些情况属于情节特别严重的，处三年以上七年以下有期徒刑？

什么是刑事抗诉？

刑事案件二审抗诉的主体、期限有什么要求？

刑事诉讼二审抗诉的理由是什么？

刑事诉讼二审抗诉的主要内容有哪些？

检察院认为法院已经发生法律效力的判决、裁定确有错误，具有哪些情形的，应当按照审判监督程序向法院提出抗诉？

抗诉案件审理后的处理结果有哪些？

二、相关知识

问：玩忽职守罪，哪些情况属于"致使公共财产、国家和人民利益遭受重大损失"，处三年以下有期徒刑或者拘役？

答：国家机关工作人员玩忽职守，致使公共财产、国家和人民利益遭受重大损失的，处三年以下有期徒刑或者拘役。

依据《最高人民法院、最高人民检察院关于办理渎职刑事案件适用法律若干问题的解释（一）》第一条，国家机关工作人员玩忽职守，具有下列情形之一的，应当认定为刑法玩忽职守罪的"致使公共财产、国家和人民利益遭受重大损失"：

（一）造成死亡1人以上，或者重伤3人以上，或者轻伤9人以上，或者重伤2人、轻伤3人以上，或者重伤1人、轻伤6人以上的；

（二）造成经济损失30万元以上的；

（三）造成恶劣社会影响的；

（四）其他致使公共财产、国家和人民利益遭受重大损失的情形。

问：玩忽职守罪，哪些情况属于情节特别严重的，处三年以上七年以下有期徒刑？

答：国家机关工作人员玩忽职守，情节特别严重的，处三年以上七年以下有期徒刑。法律另有规定的，依照规定。

依据《最高人民法院、最高人民检察院关于办理渎职刑事案件适用法律若干问题的解释（一）》第一条，国家机关工作人员玩忽职守，具有下列情形之一的，应当认定为刑法玩忽职守罪的"情节特别严重"：

（一）造成死亡1人以上，或者重伤3人以上，或者轻伤9人以上，或者重伤2人、轻伤3人以上，或者重伤1人、轻伤6人以上的人数3倍以上的；

（二）造成经济损失 150 万元以上的；

（三）造成前款规定的损失后果，不报、迟报、谎报或者授意、指使、强令他人不报、迟报、谎报事故情况，致使损失后果持续、扩大或者抢救工作延误的；

（四）造成特别恶劣社会影响的；

（五）其他特别严重的情节。

三、与案件相关的法律问题

（一）学理知识

问：什么是刑事抗诉？

答：刑事抗诉是指检察院对法院作出的判决、裁定，认为确有错误或者发现确有错误，依法向法院提出第二次或者重新审理的诉讼活动。

刑事抗诉包括两种：第二审抗诉和审判监督抗诉

1. 第二审抗诉是指地方各级检察院对同级法院一审尚未发生效力的判决，裁定认为有错误的，提请上一级法院进行第二次审判，阻止一审判决、裁定生效的行为，即地方各级检察院认为本级法院第一审的刑事判决、裁定确有错误时，向上一级法院提出的抗诉。

《中华人民共和国刑事诉讼法》第二百二十八条："地方各级人民检察院认为本级人民法院第一审的判决、裁定确有错误的时候，应当向上一级人民法院提出抗诉。"

2. 审判监督抗诉是指最高检察院对各级法院已经发生法律效力的判决和裁定，上级检察院对下级法院已经发生法律效力的判决和裁定，如果发现确有错误时有权依审判监督程序提出抗诉，法院应依法再审。

《中华人民共和国刑事诉讼法》第二百五十四条第三款规定："最

高人民检察院对各级人民法院已经发生法律效力的判决和裁定，上级人民检察院对下级人民法院已经发生法律效力的判决和裁定，如果发现确有错误，有权按照审判监督程序向同级人民法院提出抗诉。"

问：刑事案件二审抗诉的主体、期限有什么要求？

答：二审抗诉的主体是地方各级检察院。《中华人民共和国刑事诉讼法》第二百二十八条规定："地方各级人民检察院认为本级人民法院第一审的判决、裁定确有错误的时候，应当向上一级人民法院提出抗诉。"

二审抗诉期限，不服判决和不服裁定的有所不同。不服判决的是十天，不服裁定的是五天。

《中华人民共和国刑事诉讼法》第二百三十条规定："不服判决的上诉和抗诉的期限为十日，不服裁定的上诉和抗诉的期限为五日，从接到判决书、裁定书的第二日起算。"

《最高人民法院关于适用〈中华人民共和国刑事诉讼法的解释〉》第三百零一条第二款规定："对附带民事判决、裁定的上诉、抗诉期限，应当按照刑事部分的上诉、抗诉期限确定。附带民事部分另行审判的，上诉期限也应当按照刑事诉讼法规定的期限确定。"

问：刑事诉讼二审抗诉的理由是什么？

答：刑事诉讼二审抗诉的理由是地方各级检察院认为本级法院第一审的判决、裁定确有错误。

根据最高人民检察院《人民检察院刑事诉讼规则（试行）》第五百八十四条规定，人民检察院认为同级人民法院第一审判决、裁定有下列情形之一的，应当提出抗诉：

（一）认定事实不清、证据不足的；

（二）有确实、充分证据证明有罪而判无罪，或者无罪判有罪的；

（三）重罪轻判，轻罪重判，适用刑罚明显不当的；

（四）认定罪名不正确，一罪判数罪、数罪判一罪，影响量刑或者造成严重社会影响的；

（五）免除刑事处罚或者适用缓刑、禁止令、限制减刑错误的；

（六）人民法院在审理过程中严重违反法律规定的诉讼程序的。

问：刑事诉讼二审抗诉的主要内容有哪些？

答：主要包括四个方面。

第一，提出、抄送抗诉书。

地方各级检察院对同级法院第一审判决、裁定的抗诉，应当通过原审法院提出抗诉书，并且将抗诉书抄送上一级检察院。

第一审法院应当在抗诉期满后三日内将抗诉书连同案卷、证据移送上一级人民法院，并将抗诉书副本送交当事人。

第二，上级检察院在抗诉中的支持、撤回、指令。

上一级检察院对下级检察院按照第二审程序提出抗诉的案件，认为抗诉正确的，应当支持抗诉；认为抗诉不当的，应当向同级法院撤回抗诉，并且通知下级检察院。

下级检察院如果认为上一级检察院撤回抗诉不当的，可以提请复议。上一级检察院应当复议，并将复议结果通知下级检察院。

上一级检察院在上诉、抗诉期限内，发现下级检察院应当提出抗诉而没有提出抗诉的案件，可以指令下级检察院依法提出抗诉。

第三，检察院撤回抗诉，法院不移送案件。

检察院在抗诉期限内撤回抗诉的，第一审法院不再向上一级法院移送案件；在抗诉期满后第二审法院宣告裁判前撤回抗诉的，第二审法院可以裁定准许，并通知第一审法院和当事人。

第四，撤回抗诉和判决、裁定生效。

在抗诉期满前撤回抗诉的，第一审判决、裁定在抗诉期满之日起生效。在抗诉期满后要求撤回抗诉，第二审法院裁定准许的，第一审判决、裁定应当自第二审裁定书送达抗诉机关之日起生效。

问：检察院认为法院已经发生法律效力的判决、裁定确有错误，具有哪些情形的，应当按照审判监督程序向法院提出抗诉？

答：根据最高人民检察院《人民检察院刑事诉讼规则（试行）》第五百九十一条规定，检察院认为法院已经发生法律效力的判决、裁定确有错误，具有下列情形之一的，应当按照审判监督程序向法院提出抗诉：

（一）有新的证据证明原判决、裁定认定的事实确有错误，可能影响定罪量刑的；

（二）据以定罪量刑的证据不确实、不充分的；

（三）据以定罪量刑的证据依法应当予以排除的；

（四）据以定罪量刑的主要证据之间存在矛盾的；

（五）原判决、裁定的主要事实依据被依法变更或者撤销的；

（六）认定罪名错误且明显影响量刑的；

（七）违反法律关于追诉时效期限的规定的；

（八）量刑明显不当的；

（九）违反法律规定的诉讼程序，可能影响公正审判的；

（十）审判人员在审理案件的时候有贪污受贿，徇私舞弊，枉法裁判行为的。

问：抗诉案件审理后的处理结果有哪些？

答：《中华人民共和国刑事诉讼法》规定有三种处理结果。

第一，裁定驳回抗诉，维持原判。

原判决认定事实和适用法律正确、量刑适当的，应当裁定驳回上诉或者抗诉，维持原判。

第二，依法改判。

原判决认定事实没有错误，但适用法律有错误，或者量刑不当的，应当改判；原判决事实不清楚或者证据不足的，可以在查清事实后改判。

第三，裁定撤销原判，发回原审人民法院重新审判。

具体包括两种情况：

1. 原判决事实不清楚或者证据不足的，可以裁定撤销原判，发回原审法院重新审判。

原审法院对于发回重新审判的案件作出判决后，检察院提出抗诉的，第二审法院应当依法作出判决或者裁定，不得再发回原审法院重新审判。

2. 违反法律规定的诉讼程序的，应当裁定撤销原判，发回原审法院重新审判。

《中华人民共和国刑事诉讼法》第二百三十八条规定：第二审人民法院发现第一审人民法院的审理有下列违反法律规定的诉讼程序的情形之一的，应当裁定撤销原判，发回原审人民法院重新审判：

（一）违反本法有关公开审判的规定的；

（二）违反回避制度的；

（三）剥夺或者限制了当事人的法定诉讼权利，可能影响公正审判的；

（四）审判组织的组成不合法的；

（五）其他违反法律规定的诉讼程序，可能影响公正审判的。

本案属于原判决认定事实和适用法律正确，因此裁定驳回抗诉，维持原判。

（二）法院裁判的理由

法院认为，本案中三被告人系负有环境保护监督管理职责的国家机关工作人员，属于特殊主体身份，公诉机关指控三被告人冯某、张某、吕某构成玩忽职守罪罪名不成立，本案应按环境监管失职罪进行审查。

《关于某公司年产 10,000 吨邻苯二甲酸二丁酯项目环境影响报告书》的审批部门为市环保局，依照相关法律、法规，在某公司建设项目环境保护设施竣工验收前，应当由市环保局对该企业的环境保护工作实施监督管理，但也可以委托下一级环境保护行政主管部门（现生态环境主管部门）对申请试生产的建设项目环境保护设施及其他环境保护措施的落实情况进行现场检查，并做出审查决定。在市环境保护局作出环境影响报告书的批复时，明确该项目的日常环境保护监督管理工作由县环保局负责，应当认定该建设项目在竣工验收前由县环保局负责相关的环境保护监督管理工作，事实上，县环保局也一直在履行该职责。

建设项目竣工前，县环保局的工作主要是组织实施"三同时"环境管理制度，以及对污染防治设施的运行情况实施监督管理，依照其内部分工，"三同时"环境管理制度由综合审批科负责，污染防治设施的运行情况由环境监察大队实施监督管理。

故本案三被告人冯某、张某、吕某作为县环境保护局环境监察中队中队长，负有对某公司污染防治设施的运行情况进行现场监督管理的职责。

三被告人冯某、张某、吕某对某公司生产排放污水的监督管理责任应当始于试生产。

当冯某在日常环境保护监督管理工作中发现某公司擅自试生产后及时对该公司的负责人作了调查询问笔录，填写了现场检查笔录和现场环境监察记录单，提取水样进行了检测，并提出了处理意见，可以认定基本履行了监督管理责任，不存在严重不负责任的情形。

在某公司向渗井内排放污水期间，被告人张某和吕某任职仅一个月，没有到该公司进行监督检查，属于不负责任，但在没有证据证明其已经知道该公司擅自试生产且非法排污的情况下，也不宜认定其构成严重不负责任。

某公司为修复被污染的土壤所支付的86万元应当属于刑法第四百零八条所规定的"致使公私财产遭受重大损失"的范围，但该损失发生在三被告人的连续任职期间，环境监管失职罪属于过失犯罪，三被告人不构成共同犯罪，不应将86万元的经济损失认定为三被告人的共同行为所导致，且公诉机关又没有证据证明在任何一个被告人的任职期间的污水排放量导致了30万元以上的经济损失，故原审法院以公诉机关指控三被告人冯某、张某、吕某犯罪的证据不足，指控的犯罪不成立，宣告三被告人无罪，并无不当。

抗诉机关的抗诉理由亦不能成立，法院不予支持。

（三）法院裁判的法律依据

《最高人民法院、最高人民检察院关于办理渎职刑事案件适用法律若干问题的解释（一）》

第八条　本解释规定的"经济损失"，是指渎职犯罪或者与渎职犯罪相关联的犯罪立案时已经实际造成的财产损失，包括为挽回渎职犯罪所造成损失而支付的各种开支、费用等。立案后至提起公诉前持续发生的经济损失，应一并计入渎职犯罪造成的经济损失。

债务人经法定程序被宣告破产，债务人潜逃、去向不明，或者因行为人的责任超过诉讼时效等，致使债权已经无法实现的，无法实现的债权部分应当认定为渎职犯罪的经济损失。

渎职犯罪或者与渎职犯罪相关联的犯罪立案后，犯罪分子及其亲友自行挽回的经济损失，司法机关或者犯罪分子所在单位及其上级主管部门挽回的经济损失，或者因客观原因减少的经济损失，不予扣减，但可以作为酌定从轻处罚的情节。

《中华人民共和国刑事诉讼法》

第二百条 在被告人最后陈述后，审判长宣布休庭，合议庭进行评议，根据已经查明的事实、证据和有关的法律规定，分别作出以下判决：

（一）案件事实清楚，证据确实、充分，依据法律认定被告人有罪的，应当作出有罪判决；

（二）依据法律认定被告人无罪的，应当作出无罪判决；

（三）证据不足，不能认定被告人有罪的，应当作出证据不足、指控的犯罪不能成立的无罪判决。

第二百三十六条 第二审人民法院对不服第一审判决的上诉、抗诉案件，经过审理后，应当按照下列情形分别处理：

（一）原判决认定事实和适用法律正确、量刑适当的，应当裁定驳回上诉或者抗诉，维持原判；

（二）原判决认定事实没有错误，但适用法律有错误，或者量刑不当的，应当改判；

（三）原判决事实不清楚或者证据不足的，可以在查清事实后改判；也可以裁定撤销原判，发回原审人民法院重新审判。

原审人民法院对于依照前款第三项规定发回重新审判的案件作出判决后，被告人提出上诉或者人民检察院提出抗诉的，第二审人民法院应当依法作出判决或者裁定，不得再发回原审人民法院重新审判。

第二百四十四条 第二审的判决、裁定和最高人民法院的判决、裁定，都是终审的判决、裁定。

（四）上述案例的启示

假如本案被告犯玩忽职守罪，依据具体情形应当承担如下刑事责任：

第一，处三年以下有期徒刑或者拘役。

国家机关工作人员玩忽职守，致使公共财产、国家和人民利益遭受重大损失的，处三年以下有期徒刑或者拘役。

第二，处三年以上七年以下有期徒刑。

国家机关工作人员玩忽职守，致使公共财产、国家和人民利益遭受重大损失的，情节特别严重的，处三年以上七年以下有期徒刑。

第三、法律另有规定的，依照规定。

可见，致使公共财产、国家和人民利益遭受重大损失的、情节特别严重的认定标准，是对犯玩忽职守罪的被告人量刑的前提基础。

案例四　非法倾倒废硫酸，污染环境尝恶果

一、引子和案例

（一）案例简介

本案被告因为倾倒废硫酸污染土壤而必须承担刑事责任。

2011年以来，张某向被告单位某钢管有限公司供应浓硫酸，并在没有危险废物经营资质的情况下将某钢管有限公司产生的800余吨废硫酸运走处理。时任某钢管有限公司总经理兼法人代表的被告人盛某和环保办主任杨某明知张某没有危险废物经营资质，在未经环保部门审批的情况下，让张某将废硫酸回收处理，并由被告单位某钢管有限公司支付张某每吨70元的费用。2011年6月至8月，张某两次安排被告人季某、陈某使用危险品运输车拖运被告单位某钢管有限公司合计16吨废酸至某化工厂院内进行非法倾倒。倾倒的废硫酸经渗透、扩散后致使某化工厂院内地块及周围遭受污染，并致使热力能源有限公司铺设在该厂院北侧的供热管道遭受腐蚀从而形成蒸气泄漏。经江苏省环境科学学会鉴定，某化工厂院内抽样的4个地块土壤污染损害值为258.7万元，造成腐蚀管道的损失为67.76万元。

某区人民检察院起诉指控被告单位某钢管有限公司及被告人盛某、

杨某、季某、陈某构成污染环境罪。

（二）裁判结果

依照《中华人民共和国刑法》、《最高人民法院、最高人民检察院关于办理环境污染刑事案件适用法律若干问题的解释》等相关规定，判决如下：

一、被告某钢管有限公司犯污染环境罪，判处罚金人民币一百万元。（罚金于判决生效后十日内缴纳）

二、被告人盛某构成污染环境罪，判处有期徒刑二年六个月，缓刑三年，并处罚金人民币三十万元（已缴纳）。缓刑考验期限，从判决确定之日起计算。

三、被告人杨某构成污染环境罪，判处有期徒刑二年，缓刑二年，并处罚金人民币二十万元（已缴纳）。缓刑考验期限，从判决确定之日起计算。

四、被告人季某构成污染环境罪，判处有期徒刑一年，缓刑一年，并处罚金人民币五万元。缓刑考验期限，从判决确定之日起计算。罚金于判决生效后十日内缴纳。

五、被告人陈某构成污染环境罪，判处有期徒刑一年，缓刑一年，并处罚金人民币五万元。缓刑考验期限，从判决确定之日起计算。罚金于判决生效后十日内缴纳。

如不服本判决，可在接到判决书的第二日起十日内，通过法院或者直接向市中级人民法院提出上诉。书面上诉的，应当提交上诉状正本一份、副本二份。

（三）与案例相关的问题

为什么说本案被告违反国家规定，非法倾倒危险废物，严重污染环境，后果特别严重？

哪些物质属于"有毒物质"？

法院认为，本案被告的行为均已构成污染环境罪。污染环境罪的构成条件是什么？

污染环境罪中，哪些情形应当从重处罚？

社区矫正的对象除了对宣告缓刑的犯罪分子，还有哪些？

缓刑的条件是什么？

缓刑考验期是多长时间？被宣告缓刑的犯罪分子，应当遵守哪些规定？

本案是否属于检察院自行侦查的案件？为什么？

根据《中华人民共和国刑事诉讼法》的规定，哪些人员不得担任辩护人？

二、健康、财产损害等问题和解答

问：为什么说本案被告违反国家规定，非法倾倒危险废物，严重污染环境，后果特别严重？

答：法院认为，本案被告违反国家规定，非法倾倒 16 吨废硫酸危险废物，造成土壤污染损失值 258.7 万元，严重污染环境，后果特别严重，其行为已构成污染环境罪。

实施刑法第三百三十八条（环境污染罪）规定的行为，具有下列情形之一的，应当认定为"后果特别严重"：

（一）致使县级以上城区集中式饮用水水源取水中断十二小时以上的；

（二）非法排放、倾倒、处置危险废物一百吨以上的；

（三）致使基本农田、防护林地、特种用途林地十五亩以上，其他农用地三十亩以上，其他土地六十亩以上基本功能丧失或者遭受永久性破坏的；

（四）致使森林或者其他林木死亡一百五十立方米以上，或者幼树死亡七千五百株以上的；

（五）致使公私财产损失一百万元以上的；

（六）造成生态环境特别严重损害的；

（七）致使疏散、转移群众一万五千人以上的；

（八）致使一百人以上中毒的；

（九）致使十人以上轻伤、轻度残疾或者器官组织损伤导致一般功能障碍的；

（十）致使三人以上重伤、中度残疾或者器官组织损伤导致严重功能障碍的；

（十一）致使一人以上重伤、中度残疾或者器官组织损伤导致严重功能障碍，并致使五人以上轻伤、轻度残疾或者器官组织损伤导致一般功能障碍的；

（十二）致使一人以上死亡或者重度残疾的；

（十三）其他后果特别严重的情形。

三、与案件相关的法律问题

（一）学理知识

问：哪些物质属于"有毒物质"？

答：下列物质应当认定为刑法第三百三十八条（环境污染罪）规定的"有毒物质"。

（一）危险废物，是指列入国家危险废物名录，或者根据国家规定的危险废物鉴别标准和鉴别方法认定的，具有危险特性的废物；

（二）《关于持久性有机污染物的斯德哥尔摩公约》附件所列物质；

（三）含重金属的污染物；

（四）其他具有毒性，可能污染环境的物质。

问：法院认为，本案被告的行为均已构成污染环境罪。污染环境罪的构成条件是什么？

答：污染环境罪是指违反国家规定，排放、倾倒或者处置有放射性的废物、含传染病病原体的废物、有毒物质或者其他有害物质，严重污染环境的行为。

污染环境罪的构成要件包括以下内容：

1. 客体要件。污染环境罪侵犯的客体是国家防治环境污染的管理制度。国家先后制定了《中华人民共和国环境保护法》、《中华人民共和国大气污染防治法》、《中华人民共和国水污染防治法》、《中华人民共和国海洋环境保护法》、《中华人民共和国固体废物污染环境防治法》、《工业"三废"排放试行标准》、《农药安全使用规定》等法律法规。违反这些法律、法规的规定，构成犯罪的行为，就是侵犯国家对环境的保护管理制度。

2. 客观要件。污染环境罪在客观方面表现为违反国家规定，排放、倾倒或者处置有放射性的废物、含传染病病原体的废物、有毒物质或者其他有害物质，严重污染环境或后果特别严重。

（1）实施本罪必须违反国家规定。

国家规定包括有关环境保护方面的法律以及国务院制定的相关行政法规、行政措施、发布的决定或命令。

（2）实施排放、倾倒和处置行为。

（3）造成了严重污染环境或后果特别严重的危害结果。

3. 主体要件。污染环境罪的主体为一般主体，即凡是达到刑事责任年龄具有刑事责任能力的人，均可构成本罪。单位可以成为本罪主体。

4.主观要件。污染环境罪在主观方面表现为过失。行为人应当预见到自己的排放、倾倒或者处置行为可能导致严重污染环境的结果，因为疏忽大意而没有预见，或者已经预见而轻信可以避免，以致严重污染环境的危害结果发生。行为人在实施污染环境行为（排放、倾倒或者处置有放射性的废物、含传染病病原体的废物、有毒物质或者其他有害物质）时可能是故意的，也可能是过失的，但是行为人对于危害结果（严重污染环境）所持的心理状态是过失。

问：污染环境罪中，哪些情形应当从重处罚？

答：实施刑法第三百三十八条（污染环境罪）规定的犯罪行为，具有下列情形之一的，应当从重处罚：

（一）阻挠环境监督检查或者突发环境事件调查，尚不构成妨害公务等犯罪的；

（二）在医院、学校、居民区等人口集中地区及其附近，违反国家规定排放、倾倒、处置有放射性的废物、含传染病病原体的废物、有毒物质或者其他有害物质的；

（三）在重污染天气预警期间、突发环境事件处置期间或者被责令限期整改期间，违反国家规定排放、倾倒、处置有放射性的废物、含传染病病原体的废物、有毒物质或者其他有害物质的；

（四）具有危险废物经营许可证的企业违反国家规定排放、倾倒、处置有放射性的废物、含传染病病原体的废物、有毒物质或者其他有害物质的。

问：社区矫正的对象除了对宣告缓刑的犯罪分子，还有哪些？

答：社区矫正是指让符合法定条件的罪犯不监禁，在社区中执行刑罚。

社区矫正对象：对判处管制的犯罪分子，依法实行社区矫正；对宣告缓刑的犯罪分子，在缓刑考验期限内，依法实行社区矫正；对假释的犯罪分子，在假释考验期限内，依法实行社区矫正；对被判处管制、宣告缓刑、假释或者暂予监外执行的罪犯，依法实行社区矫正，由社区矫正机构负责执行。

问：缓刑的条件是什么？

答：缓刑就是有条件不执行所判决的刑罚，是指被判拘役、三年以下有期徒刑的犯罪人，根据其犯罪情节和悔罪表现，如果暂缓执行刑罚没有再犯罪的危险，对所居住的社区没有重大不良影响的，就规定一定的考验期，暂缓刑罚的执行。在考验期内，如果遵守一定的条件，原判刑罚就不再执行。

缓刑包括可以宣告缓刑和应当宣告缓刑。

问：缓刑考验期是多长时间？被宣告缓刑的犯罪分子，应当遵守哪些规定？

答：拘役的缓刑考验期限为原判刑期以上一年以下，但是不能少于二个月。

有期徒刑的缓刑考验期限为原判刑期以上五年以下，但是不能少于一年。

缓刑考验期限，从判决确定之日起计算。

被宣告缓刑的犯罪分子，应当遵守下列规定：

1. 遵守法律、行政法规，服从监督；

2. 按照考察机关的规定报告自己的活动情况；

3. 遵守考察机关关于会客的规定；

4. 离开所居住的市、县或者迁居，应当报经考察机关批准。

问：本案是否属于检察院自行侦查的案件？为什么？

答：不属于。根据我国刑事法律的相关规定，人民检察院自侦案件的范围主要包括以下内容：

1. 贪污、贿赂犯罪案件；

2. 国家工作人员的渎职犯罪案件；

3. 国家机关工作人员利用职权实施的侵犯公民人身权利的犯罪以及侵犯公民民主权利的犯罪案件；

4. 国家机关工作人员利用职权实施的其他重大犯罪案件。

问：根据《中华人民共和国刑事诉讼法》的规定，哪些人员不得担任辩护人？

答：人民法院审判案件，应当充分保障被告人依法享有的辩护权利。

被告人除自己行使辩护权以外，还可以委托辩护人辩护。下列人员不得担任辩护人：

1. 正在被执行刑罚或者处于缓刑、假释考验期间的人；

2. 依法被剥夺、限制人身自由的人；

3. 无行为能力或者限制行为能力的人；

4. 人民法院、人民检察院、公安机关、国家安全机关、监狱的现职人员；

5. 人民陪审员；

6. 与本案审理结果有利害关系的人；

7. 外国人或者无国籍人。

前款第四项至第七项规定的人员，如果是被告人的监护人、近亲属，由被告人委托担任辩护人的，可以准许。

（二）法院裁判的理由

法院认为，被告某钢管有限公司和被告人盛某、杨某明知他人无危险废物经营资质，仍向他人提供危险废物，被告人季某、陈某违反国家规定，非法倾倒危险废物，严重污染环境，后果特别严重，其行为均已构成污染环境罪。检察院指控罪名成立，法院予以支持。被告人盛某、杨某、季某、陈某与他人共同犯罪，并且在共同犯罪中起次要作用，系从犯，均可以减轻处罚。经公安机关电话通知到案，归案后均能如实供述自己的犯罪事实，均系自首，可以从轻处罚。对被告人适用缓刑不致再危害社会，可以宣告适用缓刑。对于被告人季某、陈某提出的二人系根据张某要求倾倒废酸，作用较小的辩解，予以采纳。

鉴定报告系由具有鉴定资质的鉴定机构和人员做出，程序合法，结论正确，与案件证明对象相关联，鉴定意见予以采信。

（三）法院裁判的法律依据

《中华人民共和国刑法》

第三百三十八条　违反国家规定，排放、倾倒或者处置有放射性的废物、含传染病病原体的废物、有毒物质或者其他有害物质，严重污染环境的，处三年以下有期徒刑或者拘役，并处或者单处罚金；后果特别严重的，处三年以上七年以下有期徒刑，并处罚金。

第三十条　公司、企业、事业单位、机关、团体实施的危害社会的行为，法律规定为单位犯罪的，应当负刑事责任。

第三十一条　单位犯罪的，对单位判处罚金，并对其直接负责的主管人员和其他直接责任人员判处刑罚。本法分则和其他法律另有规定的，依照规定。

第二十五条　共同犯罪是指二人以上共同故意犯罪。

二人以上共同过失犯罪，不以共同犯罪论处；应当负刑事责任的，按照他们所犯的罪分别处罚。

第二十七条　在共同犯罪中起次要或者辅助作用的，是从犯。

对于从犯，应当从轻、减轻处罚或者免除处罚。

第六十七条第一款　犯罪以后自动投案，如实供述自己的罪行的，是自首。对于自首的犯罪分子，可以从轻或者减轻处罚。其中，犯罪较轻的，可以免除处罚。

第七十二条　对于被判处拘役、三年以下有期徒刑的犯罪分子，同时符合下列条件的，可以宣告缓刑，对其中不满十八周岁的人、怀孕的妇女和已满七十五周岁的人，应当宣告缓刑：

（一）犯罪情节较轻；

（二）有悔罪表现；

（三）没有再犯罪的危险；

（四）宣告缓刑对所居住社区没有重大不良影响。

宣告缓刑，可以根据犯罪情况，同时禁止犯罪分子在缓刑考验期限内从事特定活动，进入特定区域、场所，接触特定的人。

被宣告缓刑的犯罪分子，如果被判处附加刑，附加刑仍须执行。

第七十三条　拘役的缓刑考验期限为原判刑期以上一年以下，但是不能少于二个月。

有期徒刑的缓刑考验期限为原判刑期以上五年以下，但是不能少于一年。

缓刑考验期限，从判决确定之日起计算。

（四）上述案例的启示

本案的几个被告构成污染环境罪，被判处有期徒刑缓刑。但如果符合法定条件就会撤销缓刑。

对宣告缓刑的犯罪分子，在缓刑考验期限内，依法实行社区矫正，如果没有缓刑撤销的情形，缓刑考验期满，原判的刑罚就不再执行，并公开予以宣告。

被宣告缓刑的犯罪分子，在缓刑考验期限内犯新罪或者发现判决宣告以前还有其他罪没有判决的，应当撤销缓刑，对新犯的罪或者新发现的罪作出判决，把前罪和后罪所判处的刑罚，依照《中华人民共和国刑法》第六十九条的规定，决定执行的刑罚。

被宣告缓刑的犯罪分子，在缓刑考验期限内，违反法律、行政法规或者国务院有关部门关于缓刑的监督管理规定，或者违反人民法院判决中的禁止令，情节严重的，应当撤销缓刑，执行原判刑罚。

附录一

中华人民共和国土壤污染防治法

（2018年8月31日第十三届全国人民代表大会常务委员会第五次会议通过）

目录

第一章 总则

第一条 为了保护和改善生态环境，防治土壤污染，保障公众健康，推动土壤资源永续利用，推进生态文明建设，促进经济社会可持续发展，制定本法。

第二条 在中华人民共和国领域及管辖的其他海域从事土壤污染防治及相关活动，适用本法。

本法所称土壤污染，是指因人为因素导致某种物质进入陆地表层土壤，引起土壤化学、物理、生物等方面特性的改变，影响土壤功能和有效利用，危害公众健康或者破坏生态环境的现象。

第三条 土壤污染防治应当坚持预防为主、保护优先、分类管理、风险管控、污染担责、公众参与的原则。

第四条 任何组织和个人都有保护土壤、防止土壤污染的义务。

土地使用权人从事土地开发利用活动，企业事业单位和其他生产经营者从事生产经营活动，应当采取有效措施，防止、减少土壤污染，对所造成的土壤污染依法承担责任。

第五条 地方各级人民政府应当对本行政区域土壤污染防治和安全利用负责。

国家实行土壤污染防治目标责任制和考核评价制度，将土壤污染防治目标完成情况作为考核评价地方各级人民政府及其负责人、县级以上人民政府负有土壤污染防治监督管理职责的部门及其负责人的内容。

第六条 各级人民政府应当加强对土壤污染防治工作的领导，组织、协调、督促有关部门依法履行土壤污染防治监督管理职责。

第七条 国务院生态环境主管部门对全国土壤污染防治工作实施统一监督管理；国务院农业农村、自然资源、住房城乡建设、林业草原等主管部门在各自职责范围内对土壤污染防治工作实施监督管理。

地方人民政府生态环境主管部门对本行政区域土壤污染防治工作实施统一监督管理；地方人民政府农业农村、自然资源、住房城乡建设、林业草原等主管部门在各自职责范围内对土壤污染防治工作实施监督管理。

第八条　国家建立土壤环境信息共享机制。

国务院生态环境主管部门应当会同国务院农业农村、自然资源、住房城乡建设、水利、卫生健康、林业草原等主管部门建立土壤环境基础数据库，构建全国土壤环境信息平台，实行数据动态更新和信息共享。

第九条　国家支持土壤污染风险管控和修复、监测等污染防治科学技术研究开发、成果转化和推广应用，鼓励土壤污染防治产业发展，加强土壤污染防治专业技术人才培养，促进土壤污染防治科学技术进步。

国家支持土壤污染防治国际交流与合作。

第十条　各级人民政府及其有关部门、基层群众性自治组织和新闻媒体应当加强土壤污染防治宣传教育和科学普及，增强公众土壤污染防治意识，引导公众依法参与土壤污染防治工作。

第二章　规划、标准、普查和监测

第十一条　县级以上人民政府应当将土壤污染防治工作纳入国民经济和社会发展规划、环境保护规划。

设区的市级以上地方人民政府生态环境主管部门应当会同发展改革、农业农村、自然资源、住房城乡建设、林业草原等主管部门，根据环境保护规划要求、土地用途、土壤污染状况普查和监测结果等，编制土壤污染防治规划，报本级人民政府批准后公布实施。

第十二条　国务院生态环境主管部门根据土壤污染状况、公众健康风险、生态风险和科学技术水平，并按照土地用途，制定国家土壤污染风险管控标准，加强土壤污染防治标准体系建设。

省级人民政府对国家土壤污染风险管控标准中未作规定的项目，可以制定地方土壤污染风险管控标准；对国家土壤污染风险管控标准中已作规定的项目，可以制定严于国家土壤污染风险管控标准的地方土壤污染风险管控标准。地方土壤污染风险管控标准应当报国务院生态环境主管部门备案。

土壤污染风险管控标准是强制性标准。

国家支持对土壤环境背景值和环境基准的研究。

第十三条 制定土壤污染风险管控标准，应当组织专家进行审查和论证，并征求有关部门、行业协会、企业事业单位和公众等方面的意见。

土壤污染风险管控标准的执行情况应当定期评估，并根据评估结果对标准适时修订。

省级以上人民政府生态环境主管部门应当在其网站上公布土壤污染风险管控标准，供公众免费查阅、下载。

第十四条 国务院统一领导全国土壤污染状况普查。国务院生态环境主管部门会同国务院农业农村、自然资源、住房城乡建设、林业草原等主管部门，每十年至少组织开展一次全国土壤污染状况普查。

国务院有关部门、设区的市级以上地方人民政府可以根据本行业、本行政区域实际情况组织开展土壤污染状况详查。

第十五条 国家实行土壤环境监测制度。

国务院生态环境主管部门制定土壤环境监测规范，会同国务院农业农村、自然资源、住房城乡建设、水利、卫生健康、林业草原等主管部门组织监测网络，统一规划国家土壤环境监测站（点）的设置。

第十六条 地方人民政府农业农村、林业草原主管部门应当会同生态环境、自然资源主管部门对下列农用地地块进行重点监测：

（一）产出的农产品污染物含量超标的；

（二）作为或者曾作为污水灌溉区的；

（三）用于或者曾用于规模化养殖，固体废物堆放、填埋的；

（四）曾作为工矿用地或者发生过重大、特大污染事故的；

（五）有毒有害物质生产、贮存、利用、处置设施周边的；

（六）国务院农业农村、林业草原、生态环境、自然资源主管部门规定的其他情形。

第十七条　地方人民政府生态环境主管部门应当会同自然资源主管部门对下列建设用地地块进行重点监测：

（一）曾用于生产、使用、贮存、回收、处置有毒有害物质的；

（二）曾用于固体废物堆放、填埋的；

（三）曾发生过重大、特大污染事故的；

（四）国务院生态环境、自然资源主管部门规定的其他情形。

第三章　预防和保护

第十八条　各类涉及土地利用的规划和可能造成土壤污染的建设项目，应当依法进行环境影响评价。环境影响评价文件应当包括对土壤可能造成的不良影响及应当采取的相应预防措施等内容。

第十九条　生产、使用、贮存、运输、回收、处置、排放有毒有害物质的单位和个人，应当采取有效措施，防止有毒有害物质渗漏、流失、扬散，避免土壤受到污染。

第二十条　国务院生态环境主管部门应当会同国务院卫生健康等主管部门，根据对公众健康、生态环境的危害和影响程度，对土壤中有毒有害物质进行筛查评估，公布重点控制的土壤有毒有害物质名录，并适时更新。

第二十一条　设区的市级以上地方人民政府生态环境主管部门应当按照国务院生态环境主管部门的规定，根据有毒有害物质排放等情况，制定本行政区域土壤污染重点监管单位名录，向社会公开并适时更新。

土壤污染重点监管单位应当履行下列义务：

（一）严格控制有毒有害物质排放，并按年度向生态环境主管部门报告排放情况；

（二）建立土壤污染隐患排查制度，保证持续有效防止有毒有害物质渗漏、流失、扬散；

（三）制定、实施自行监测方案，并将监测数据报生态环境主管部门。

前款规定的义务应当在排污许可证中载明。

土壤污染重点监管单位应当对监测数据的真实性和准确性负责。生态环境主管部门发现土壤污染重点监管单位监测数据异常，应当及时进行调查。

设区的市级以上地方人民政府生态环境主管部门应当定期对土壤污染重点监管单位周边土壤进行监测。

第二十二条　企业事业单位拆除设施、设备或者建筑物、构筑物的，应当采取相应的土壤污染防治措施。

土壤污染重点监管单位拆除设施、设备或者建筑物、构筑物的，应当制定包括应急措施在内的土壤污染防治工作方案，报地方人民政府生态环境、工业和信息化主管部门备案并实施。

第二十三条　各级人民政府生态环境、自然资源主管部门应当依法加强对矿产资源开发区域土壤污染防治的监督管理，按照相关标准和总量控制的要求，严格控制可能造成土壤污染的重点污染物排放。

尾矿库运营、管理单位应当按照规定，加强尾矿库的安全管理，采取措施防止土壤污染。危库、险库、病库以及其他需要重点监管的尾矿库的运营、管理单位应当按照规定，进行土壤污染状况监测和定期评估。

第二十四条　国家鼓励在建筑、通信、电力、交通、水利等领域的信息、网络、防雷、接地等建设工程中采用新技术、新材料，防止土壤污染。

禁止在土壤中使用重金属含量超标的降阻产品。

第二十五条 建设和运行污水集中处理设施、固体废物处置设施，应当依照法律法规和相关标准的要求，采取措施防止土壤污染。

地方人民政府生态环境主管部门应当定期对污水集中处理设施、固体废物处置设施周边土壤进行监测；对不符合法律法规和相关标准要求的，应当根据监测结果，要求污水集中处理设施、固体废物处置设施运营单位采取相应改进措施。

地方各级人民政府应当统筹规划、建设城乡生活污水和生活垃圾处理、处置设施，并保障其正常运行，防止土壤污染。

第二十六条 国务院农业农村、林业草原主管部门应当制定规划，完善相关标准和措施，加强农用地农药、化肥使用指导和使用总量控制，加强农用薄膜使用控制。

国务院农业农村主管部门应当加强农药、肥料登记，组织开展农药、肥料对土壤环境影响的安全性评价。

制定农药、兽药、肥料、饲料、农用薄膜等农业投入品及其包装物标准和农田灌溉用水水质标准，应当适应土壤污染防治的要求。

第二十七条 地方人民政府农业农村、林业草原主管部门应当开展农用地土壤污染防治宣传和技术培训活动，扶持农业生产专业化服务，指导农业生产者合理使用农药、兽药、肥料、饲料、农用薄膜等农业投入品，控制农药、兽药、化肥等的使用量。

地方人民政府农业农村主管部门应当鼓励农业生产者采取有利于防止土壤污染的种养结合、轮作休耕等农业耕作措施；支持采取土壤改良、土壤肥力提升等有利于土壤养护和培育的措施；支持畜禽粪便处理、利用设施的建设。

第二十八条 禁止向农用地排放重金属或者其他有毒有害物质含量超标的污水、污泥，以及可能造成土壤污染的清淤底泥、尾矿、矿渣等。

县级以上人民政府有关部门应当加强对畜禽粪便、沼渣、沼液等收集、贮存、利用、处置的监督管理，防止土壤污染。

农田灌溉用水应当符合相应的水质标准，防止土壤、地下水和农产品污染。地方人民政府生态环境主管部门应当会同农业农村、水利主管部门加强对农田灌溉用水水质的管理，对农田灌溉用水水质进行监测和监督检查。

第二十九条　国家鼓励和支持农业生产者采取下列措施：

（一）使用低毒、低残留农药以及先进喷施技术；

（二）使用符合标准的有机肥、高效肥；

（三）采用测土配方施肥技术、生物防治等病虫害绿色防控技术；

（四）使用生物可降解农用薄膜；

（五）综合利用秸秆、移出高富集污染物秸秆；

（六）按照规定对酸性土壤等进行改良。

第三十条　禁止生产、销售、使用国家明令禁止的农业投入品。

农业投入品生产者、销售者和使用者应当及时回收农药、肥料等农业投入品的包装废弃物和农用薄膜，并将农药包装废弃物交由专门的机构或者组织进行无害化处理。具体办法由国务院农业农村主管部门会同国务院生态环境等主管部门制定。

国家采取措施，鼓励、支持单位和个人回收农业投入品包装废弃物和农用薄膜。

第三十一条　国家加强对未污染土壤的保护。

地方各级人民政府应当重点保护未污染的耕地、林地、草地和饮用水水源地。

各级人民政府应当加强对国家公园等自然保护地的保护，维护其生态功能。

对未利用地应当予以保护，不得污染和破坏。

第三十二条　县级以上地方人民政府及其有关部门应当按照土地利用总体规划和城乡规划，严格执行相关行业企业布局选址要求，禁止在居民区和学校、医院、疗养院、养老院等单位周边新建、改建、扩建可能造成土壤污染的建设项目。

第三十三条　国家加强对土壤资源的保护和合理利用。对开发建设过程中剥离的表土，应当单独收集和存放，符合条件的应当优先用于土地复垦、土壤改良、造地和绿化等。

禁止将重金属或者其他有毒有害物质含量超标的工业固体废物、生活垃圾或者污染土壤用于土地复垦。

第三十四条　因科学研究等特殊原因，需要进口土壤的，应当遵守国家出入境检验检疫的有关规定。

第四章　风险管控和修复

第一节　一般规定

第三十五条　土壤污染风险管控和修复，包括土壤污染状况调查和土壤污染风险评估、风险管控、修复、风险管控效果评估、修复效果评估、后期管理等活动。

第三十六条　实施土壤污染状况调查活动，应当编制土壤污染状况调查报告。

土壤污染状况调查报告应当主要包括地块基本信息、污染物含量是否超过土壤污染风险管控标准等内容。污染物含量超过土壤污染风险管控标准的，土壤污染状况调查报告还应当包括污染类型、污染来源以及地下水是否受到污染等内容。

第三十七条　实施土壤污染风险评估活动，应当编制土壤污染风险评估报告。

土壤污染风险评估报告应当主要包括下列内容：

（一）主要污染物状况；

（二）土壤及地下水污染范围；

（三）农产品质量安全风险、公众健康风险或者生态风险；

（四）风险管控、修复的目标和基本要求等。

第三十八条 实施风险管控、修复活动，应当因地制宜、科学合理，提高针对性和有效性。

实施风险管控、修复活动，不得对土壤和周边环境造成新的污染。

第三十九条 实施风险管控、修复活动前，地方人民政府有关部门有权根据实际情况，要求土壤污染责任人、土地使用权人采取移除污染源、防止污染扩散等措施。

第四十条 实施风险管控、修复活动中产生的废水、废气和固体废物，应当按照规定进行处理、处置，并达到相关环境保护标准。

实施风险管控、修复活动中产生的固体废物以及拆除的设施、设备或者建筑物、构筑物属于危险废物的，应当依照法律法规和相关标准的要求进行处置。

修复施工期间，应当设立公告牌，公开相关情况和环境保护措施。

第四十一条 修复施工单位转运污染土壤的，应当制定转运计划，将运输时间、方式、线路和污染土壤数量、去向、最终处置措施等，提前报所在地和接收地生态环境主管部门。

转运的污染土壤属于危险废物的，修复施工单位应当依照法律法规和相关标准的要求进行处置。

第四十二条 实施风险管控效果评估、修复效果评估活动，应当编制效果评估报告。

效果评估报告应当主要包括是否达到土壤污染风险评估报告确定的风险管控、修复目标等内容。

风险管控、修复活动完成后，需要实施后期管理的，土壤污染责任人应当按照要求实施后期管理。

第四十三条　从事土壤污染状况调查和土壤污染风险评估、风险管控、修复、风险管控效果评估、修复效果评估、后期管理等活动的单位，应当具备相应的专业能力。

受委托从事前款活动的单位对其出具的调查报告、风险评估报告、风险管控效果评估报告、修复效果评估报告的真实性、准确性、完整性负责，并按照约定对风险管控、修复、后期管理等活动结果负责。

第四十四条　发生突发事件可能造成土壤污染的，地方人民政府及其有关部门和相关企业事业单位以及其他生产经营者应当立即采取应急措施，防止土壤污染，并依照本法规定做好土壤污染状况监测、调查和土壤污染风险评估、风险管控、修复等工作。

第四十五条　土壤污染责任人负有实施土壤污染风险管控和修复的义务。土壤污染责任人无法认定的，土地使用权人应当实施土壤污染风险管控和修复。

地方人民政府及其有关部门可以根据实际情况组织实施土壤污染风险管控和修复。

国家鼓励和支持有关当事人自愿实施土壤污染风险管控和修复。

第四十六条　因实施或者组织实施土壤污染状况调查和土壤污染风险评估、风险管控、修复、风险管控效果评估、修复效果评估、后期管理等活动所支出的费用，由土壤污染责任人承担。

第四十七条　土壤污染责任人变更的，由变更后承继其债权、债务的单位或者个人履行相关土壤污染风险管控和修复义务并承担相关费用。

第四十八条　土壤污染责任人不明确或者存在争议的，农用地由地方人民政府农业农村、林业草原主管部门会同生态环境、自然资源主管部门认定，建设用地由地方人民政府生态环境主管部门会同自然资源主管部门认定。认定办法由国务院生态环境主管部门会同有关部门制定。

第二节 农用地

第四十九条 国家建立农用地分类管理制度。按照土壤污染程度和相关标准，将农用地划分为优先保护类、安全利用类和严格管控类。

第五十条 县级以上地方人民政府应当依法将符合条件的优先保护类耕地划为永久基本农田，实行严格保护。

在永久基本农田集中区域，不得新建可能造成土壤污染的建设项目；已经建成的，应当限期关闭拆除。

第五十一条 未利用地、复垦土地等拟开垦为耕地的，地方人民政府农业农村主管部门应当会同生态环境、自然资源主管部门进行土壤污染状况调查，依法进行分类管理。

第五十二条 对土壤污染状况普查、详查和监测、现场检查表明有土壤污染风险的农用地地块，地方人民政府农业农村、林业草原主管部门应当会同生态环境、自然资源主管部门进行土壤污染状况调查。

对土壤污染状况调查表明污染物含量超过土壤污染风险管控标准的农用地地块，地方人民政府农业农村、林业草原主管部门应当会同生态环境、自然资源主管部门组织进行土壤污染风险评估，并按照农用地分类管理制度管理。

第五十三条 对安全利用类农用地地块，地方人民政府农业农村、林业草原主管部门，应当结合主要作物品种和种植习惯等情况，制定并实施安全利用方案。

安全利用方案应当包括下列内容：

（一）农艺调控、替代种植；

（二）定期开展土壤和农产品协同监测与评价；

（三）对农民、农民专业合作社及其他农业生产经营主体进行技术指导和培训；

（四）其他风险管控措施。

第五十四条　对严格管控类农用地地块，地方人民政府农业农村、林业草原主管部门应当采取下列风险管控措施：

（一）提出划定特定农产品禁止生产区域的建议，报本级人民政府批准后实施；

（二）按照规定开展土壤和农产品协同监测与评价；

（三）对农民、农民专业合作社及其他农业生产经营主体进行技术指导和培训；

（四）其他风险管控措施。

各级人民政府及其有关部门应当鼓励对严格管控类农用地采取调整种植结构、退耕还林还草、退耕还湿、轮作休耕、轮牧休牧等风险管控措施，并给予相应的政策支持。

第五十五条　安全利用类和严格管控类农用地地块的土壤污染影响或者可能影响地下水、饮用水水源安全的，地方人民政府生态环境主管部门应当会同农业农村、林业草原等主管部门制定防治污染的方案，并采取相应的措施。

第五十六条　对安全利用类和严格管控类农用地地块，土壤污染责任人应当按照国家有关规定以及土壤污染风险评估报告的要求，采取相应的风险管控措施，并定期向地方人民政府农业农村、林业草原主管部门报告。

第五十七条　对产出的农产品污染物含量超标，需要实施修复的农用地地块，土壤污染责任人应当编制修复方案，报地方人民政府农业农村、林业草原主管部门备案并实施。修复方案应当包括地下水污染防治的内容。

修复活动应当优先采取不影响农业生产、不降低土壤生产功能的生物修复措施，阻断或者减少污染物进入农作物食用部分，确保农产品质量安全。

风险管控、修复活动完成后，土壤污染责任人应当另行委托有关单位对风险管控效果、修复效果进行评估，并将效果评估报告报地方人民政府农业农村、林业草原主管部门备案。

农村集体经济组织及其成员、农民专业合作社及其他农业生产经营主体等负有协助实施土壤污染风险管控和修复的义务。

第三节　建设用地

第五十八条　国家实行建设用地土壤污染风险管控和修复名录制度。

建设用地土壤污染风险管控和修复名录由省级人民政府生态环境主管部门会同自然资源等主管部门制定，按照规定向社会公开，并根据风险管控、修复情况适时更新。

第五十九条　对土壤污染状况普查、详查和监测、现场检查表明有土壤污染风险的建设用地地块，地方人民政府生态环境主管部门应当要求土地使用权人按照规定进行土壤污染状况调查。

用途变更为住宅、公共管理与公共服务用地的，变更前应当按照规定进行土壤污染状况调查。

前两款规定的土壤污染状况调查报告应当报地方人民政府生态环境主管部门，由地方人民政府生态环境主管部门会同自然资源主管部门组织评审。

第六十条　对土壤污染状况调查报告评审表明污染物含量超过土壤污染风险管控标准的建设用地地块，土壤污染责任人、土地使用权人应当按照国务院生态环境主管部门的规定进行土壤污染风险评估，并将土壤污染风险评估报告报省级人民政府生态环境主管部门。

第六十一条　省级人民政府生态环境主管部门应当会同自然资源

等主管部门按照国务院生态环境主管部门的规定，对土壤污染风险评估报告组织评审，及时将需要实施风险管控、修复的地块纳入建设用地土壤污染风险管控和修复名录，并定期向国务院生态环境主管部门报告。

列入建设用地土壤污染风险管控和修复名录的地块，不得作为住宅、公共管理与公共服务用地。

第六十二条　对建设用地土壤污染风险管控和修复名录中的地块，土壤污染责任人应当按照国家有关规定以及土壤污染风险评估报告的要求，采取相应的风险管控措施，并定期向地方人民政府生态环境主管部门报告。风险管控措施应当包括地下水污染防治的内容。

第六十三条　对建设用地土壤污染风险管控和修复名录中的地块，地方人民政府生态环境主管部门可以根据实际情况采取下列风险管控措施：

（一）提出划定隔离区域的建议，报本级人民政府批准后实施；

（二）进行土壤及地下水污染状况监测；

（三）其他风险管控措施。

第六十四条　对建设用地土壤污染风险管控和修复名录中需要实施修复的地块，土壤污染责任人应当结合土地利用总体规划和城乡规划编制修复方案，报地方人民政府生态环境主管部门备案并实施。修复方案应当包括地下水污染防治的内容。

第六十五条　风险管控、修复活动完成后，土壤污染责任人应当另行委托有关单位对风险管控效果、修复效果进行评估，并将效果评估报告报地方人民政府生态环境主管部门备案。

第六十六条　对达到土壤污染风险评估报告确定的风险管控、修复目标的建设用地地块，土壤污染责任人、土地使用权人可以申请省级人民政府生态环境主管部门移出建设用地土壤污染风险管控和修复名录。

省级人民政府生态环境主管部门应当会同自然资源等主管部门对风险管控效果评估报告、修复效果评估报告组织评审，及时将达到土壤污染风险评估报告确定的风险管控、修复目标且可以安全利用的地块移出建设用地土壤污染风险管控和修复名录，按照规定向社会公开，并定期向国务院生态环境主管部门报告。

未达到土壤污染风险评估报告确定的风险管控、修复目标的建设用地地块，禁止开工建设任何与风险管控、修复无关的项目。

第六十七条　土壤污染重点监管单位生产经营用地的用途变更或者在其土地使用权收回、转让前，应当由土地使用权人按照规定进行土壤污染状况调查。土壤污染状况调查报告应当作为不动产登记资料送交地方人民政府不动产登记机构，并报地方人民政府生态环境主管部门备案。

第六十八条　土地使用权已经被地方人民政府收回，土壤污染责任人为原土地使用权人的，由地方人民政府组织实施土壤污染风险管控和修复。

第五章　保障和监督

第六十九条　国家采取有利于土壤污染防治的财政、税收、价格、金融等经济政策和措施。

第七十条　各级人民政府应当加强对土壤污染的防治，安排必要的资金用于下列事项：

（一）土壤污染防治的科学技术研究开发、示范工程和项目；

（二）各级人民政府及其有关部门组织实施的土壤污染状况普查、监测、调查和土壤污染责任人认定、风险评估、风险管控、修复等活动；

（三）各级人民政府及其有关部门对涉及土壤污染的突发事件的应

急处置；

（四）各级人民政府规定的涉及土壤污染防治的其他事项。

使用资金应当加强绩效管理和审计监督，确保资金使用效益。

第七十一条　国家加大土壤污染防治资金投入力度，建立土壤污染防治基金制度。设立中央土壤污染防治专项资金和省级土壤污染防治基金，主要用于农用地土壤污染防治和土壤污染责任人或者土地使用权人无法认定的土壤污染风险管控和修复以及政府规定的其他事项。

对本法实施之前产生的，并且土壤污染责任人无法认定的污染地块，土地使用权人实际承担土壤污染风险管控和修复的，可以申请土壤污染防治基金，集中用于土壤污染风险管控和修复。

土壤污染防治基金的具体管理办法，由国务院财政主管部门会同国务院生态环境、农业农村、自然资源、住房城乡建设、林业草原等主管部门制定。

第七十二条　国家鼓励金融机构加大对土壤污染风险管控和修复项目的信贷投放。

国家鼓励金融机构在办理土地权利抵押业务时开展土壤污染状况调查。

第七十三条　从事土壤污染风险管控和修复的单位依照法律、行政法规的规定，享受税收优惠。

第七十四条　国家鼓励并提倡社会各界为防治土壤污染捐赠财产，并依照法律、行政法规的规定，给予税收优惠。

第七十五条　县级以上人民政府应当将土壤污染防治情况纳入环境状况和环境保护目标完成情况年度报告，向本级人民代表大会或者人民代表大会常务委员会报告。

第七十六条　省级以上人民政府生态环境主管部门应当会同有关部门对土壤污染问题突出、防治工作不力、群众反映强烈的地区，约谈设区的市级以上地方人民政府及其有关部门主要负责人，要求其采取措施及时整改。约谈整改情况应当向社会公开。

第七十七条　生态环境主管部门及其环境执法机构和其他负有土壤污染防治监督管理职责的部门，有权对从事可能造成土壤污染活动的企业事业单位和其他生产经营者进行现场检查、取样，要求被检查者提供有关资料、就有关问题作出说明。

被检查者应当配合检查工作，如实反映情况，提供必要的资料。

实施现场检查的部门、机构及其工作人员应当为被检查者保守商业秘密。

第七十八条　企业事业单位和其他生产经营者违反法律法规规定排放有毒有害物质，造成或者可能造成严重土壤污染的，或者有关证据可能灭失或者被隐匿的，生态环境主管部门和其他负有土壤污染防治监督管理职责的部门，可以查封、扣押有关设施、设备、物品。

第七十九条　地方人民政府安全生产监督管理部门应当监督尾矿库运营、管理单位履行防治土壤污染的法定义务，防止其发生可能污染土壤的事故；地方人民政府生态环境主管部门应当加强对尾矿库土壤污染防治情况的监督检查和定期评估，发现风险隐患的，及时督促尾矿库运营、管理单位采取相应措施。

地方人民政府及其有关部门应当依法加强对向沙漠、滩涂、盐碱地、沼泽地等未利用地非法排放有毒有害物质等行为的监督检查。

第八十条　省级以上人民政府生态环境主管部门和其他负有土壤污染防治监督管理职责的部门应当将从事土壤污染状况调查和土壤污染风险评估、风险管控、修复、风险管控效果评估、修复效果评估、后期管理等活动的单位和个人的执业情况，纳入信用系统建立信用记录，将违法信息记入社会诚信档案，并纳入全国信用信息共享平台和国家企业信用信息公示系统向社会公布。

第八十一条　生态环境主管部门和其他负有土壤污染防治监督管理职责的部门应当依法公开土壤污染状况和防治信息。

国务院生态环境主管部门负责统一发布全国土壤环境信息；省级人民政府生态环境主管部门负责统一发布本行政区域土壤环境信息。生态环境主管部门应当将涉及主要食用农产品生产区域的重大土壤环境信息，及时通报同级农业农村、卫生健康和食品安全主管部门。

公民、法人和其他组织享有依法获取土壤污染状况和防治信息、参与和监督土壤污染防治的权利。

第八十二条　土壤污染状况普查报告、监测数据、调查报告和土壤污染风险评估报告、风险管控效果评估报告、修复效果评估报告等，应当及时上传全国土壤环境信息平台。

第八十三条　新闻媒体对违反土壤污染防治法律法规的行为享有舆论监督的权利，受监督的单位和个人不得打击报复。

第八十四条　任何组织和个人对污染土壤的行为，均有向生态环境主管部门和其他负有土壤污染防治监督管理职责的部门报告或者举报的权利。

生态环境主管部门和其他负有土壤污染防治监督管理职责的部门应当将土壤污染防治举报方式向社会公布，方便公众举报。

接到举报的部门应当及时处理并对举报人的相关信息予以保密；对实名举报并查证属实的，给予奖励。

举报人举报所在单位的，该单位不得以解除、变更劳动合同或者其他方式对举报人进行打击报复。

第六章　法律责任

第八十五条　地方各级人民政府、生态环境主管部门或者其他负有土壤污染防治监督管理职责的部门未依照本法规定履行职责的，对直接负责的主管人员和其他直接责任人员依法给予处分。

依照本法规定应当作出行政处罚决定而未作出的，上级主管部门可以直接作出行政处罚决定。

第八十六条 违反本法规定，有下列行为之一的，由地方人民政府生态环境主管部门或者其他负有土壤污染防治监督管理职责的部门责令改正，处以罚款；拒不改正的，责令停产整治：

（一）土壤污染重点监管单位未制定、实施自行监测方案，或者未将监测数据报生态环境主管部门的；

（二）土壤污染重点监管单位篡改、伪造监测数据的；

（三）土壤污染重点监管单位未按年度报告有毒有害物质排放情况，或者未建立土壤污染隐患排查制度的；

（四）拆除设施、设备或者建筑物、构筑物，企业事业单位未采取相应的土壤污染防治措施或者土壤污染重点监管单位未制定、实施土壤污染防治工作方案的；

（五）尾矿库运营、管理单位未按照规定采取措施防止土壤污染的；

（六）尾矿库运营、管理单位未按照规定进行土壤污染状况监测的；

（七）建设和运行污水集中处理设施、固体废物处置设施，未依照法律法规和相关标准的要求采取措施防止土壤污染的。

有前款规定行为之一的，处二万元以上二十万元以下的罚款；有前款第二项、第四项、第五项、第七项规定行为之一，造成严重后果的，处二十万元以上二百万元以下的罚款。

第八十七条 违反本法规定，向农用地排放重金属或者其他有毒有害物质含量超标的污水、污泥，以及可能造成土壤污染的清淤底泥、尾矿、矿渣等的，由地方人民政府生态环境主管部门责令改正，处十万元以上五十万元以下的罚款；情节严重的，处五十万元以上二百万元以下的罚款，并可以将案件移送公安机关，对直接负责的主管人员和其他直接责任人员处五日以上十五日以下的拘留；有违法所得的，没收违法所得。

第八十八条 违反本法规定，农业投入品生产者、销售者、使用者未按照规定及时回收肥料等农业投入品的包装废弃物或者农用薄膜，或者未按照规定及时回收农药包装废弃物交由专门的机构或者组织进行无害化处理的，由地方人民政府农业农村主管部门责令改正，处一万元以上十万元以下的罚款；农业投入品使用者为个人的，可以处二百元以上二千元以下的罚款。

第八十九条 违反本法规定，将重金属或者其他有毒有害物质含量超标的工业固体废物、生活垃圾或者污染土壤用于土地复垦的，由地方人民政府生态环境主管部门责令改正，处十万元以上一百万元以下的罚款；有违法所得的，没收违法所得。

第九十条 违反本法规定，受委托从事土壤污染状况调查和土壤污染风险评估、风险管控效果评估、修复效果评估活动的单位，出具虚假调查报告、风险评估报告、风险管控效果评估报告、修复效果评估报告的，由地方人民政府生态环境主管部门处十万元以上五十万元以下的罚款；情节严重的，禁止从事上述业务，并处五十万元以上一百万元以下的罚款；有违法所得的，没收违法所得。

前款规定的单位出具虚假报告的，由地方人民政府生态环境主管部门对直接负责的主管人员和其他直接责任人员处一万元以上五万元以下的罚款；情节严重的，十年内禁止从事前款规定的业务；构成犯罪的，终身禁止从事前款规定的业务。

本条第一款规定的单位和委托人恶意串通，出具虚假报告，造成他人人身或者财产损害的，还应当与委托人承担连带责任。

第九十一条 违反本法规定，有下列行为之一的，由地方人民政府生态环境主管部门责令改正，处十万元以上五十万元以下的罚款；情节严重的，处五十万元以上一百万元以下的罚款；有违法所得的，没收违法所得；对直接负责的主管人员和其他直接责任人员处五千元以上二万元以下的罚款：

（一）未单独收集、存放开发建设过程中剥离的表土的；

（二）实施风险管控、修复活动对土壤、周边环境造成新的污染的；

（三）转运污染土壤，未将运输时间、方式、线路和污染土壤数量、去向、最终处置措施等提前报所在地和接收地生态环境主管部门的；

（四）未达到土壤污染风险评估报告确定的风险管控、修复目标的建设用地地块，开工建设与风险管控、修复无关的项目的。

第九十二条 违反本法规定，土壤污染责任人或者土地使用权人未按照规定实施后期管理的，由地方人民政府生态环境主管部门或者其他负有土壤污染防治监督管理职责的部门责令改正，处一万元以上五万元以下的罚款；情节严重的，处五万元以上五十万元以下的罚款。

第九十三条 违反本法规定，被检查者拒不配合检查，或者在接受检查时弄虚作假的，由地方人民政府生态环境主管部门或者其他负有土壤污染防治监督管理职责的部门责令改正，处二万元以上二十万元以下的罚款；对直接负责的主管人员和其他直接责任人员处五千元以上二万元以下的罚款。

第九十四条 违反本法规定，土壤污染责任人或者土地使用权人有下列行为之一的，由地方人民政府生态环境主管部门或者其他负有土壤污染防治监督管理职责的部门责令改正，处二万元以上二十万元以下的罚款；拒不改正的，处二十万元以上一百万元以下的罚款，并委托他人代为履行，所需费用由土壤污染责任人或者土地使用权人承担；对直接负责的主管人员和其他直接责任人员处五千元以上二万元以下的罚款：

（一）未按照规定进行土壤污染状况调查的；

（二）未按照规定进行土壤污染风险评估的；

（三）未按照规定采取风险管控措施的；

（四）未按照规定实施修复的；

（五）风险管控、修复活动完成后，未另行委托有关单位对风险管控效果、修复效果进行评估的。

土壤污染责任人或者土地使用权人有前款第三项、第四项规定行为之一，情节严重的，地方人民政府生态环境主管部门或者其他负有土壤污染防治监督管理职责的部门可以将案件移送公安机关，对直接负责的主管人员和其他直接责任人员处五日以上十五日以下的拘留。

第九十五条　违反本法规定，有下列行为之一的，由地方人民政府有关部门责令改正；拒不改正的，处一万元以上五万元以下的罚款：

（一）土壤污染重点监管单位未按照规定将土壤污染防治工作方案报地方人民政府生态环境、工业和信息化主管部门备案的；

（二）土壤污染责任人或者土地使用权人未按照规定将修复方案、效果评估报告报地方人民政府生态环境、农业农村、林业草原主管部门备案的；

（三）土地使用权人未按照规定将土壤污染状况调查报告报地方人民政府生态环境主管部门备案的。

第九十六条　污染土壤造成他人人身或者财产损害的，应当依法承担侵权责任。

土壤污染责任人无法认定，土地使用权人未依照本法规定履行土壤污染风险管控和修复义务，造成他人人身或者财产损害的，应当依法承担侵权责任。

土壤污染引起的民事纠纷，当事人可以向地方人民政府生态环境等主管部门申请调解处理，也可以向人民法院提起诉讼。

第九十七条　污染土壤损害国家利益、社会公共利益的，有关机关和组织可以依照《中华人民共和国环境保护法》《中华人民共和国民事诉讼法》《中华人民共和国行政诉讼法》等法律的规定向人民法院提起诉讼。

第九十八条　违反本法规定，构成违反治安管理行为的，由公安机关依法给予治安管理处罚；构成犯罪的，依法追究刑事责任。

第七章　附则

第九十九条　本法自 2019 年 1 月 1 日起施行。

附录二

"生态环境保护健康维权普法丛书"
支持单位和个人

张国林　北京博大环球创业投资有限公司　董事长

李爱民　中国风险投资有限公司　济南建华投资管理有限公司　合伙人
　　　　总经理

杨曦沦　中国科技信息杂志社　社长

汤为人　杭州科润超纤有限公司　董事长

刘景发　广州奇雅丝纺织品有限公司　总经理

赵　蔡　阆中诚舵生态农业发展有限公司　董事长

王　磊　天津昊睿房地产经纪有限公司　总经理

武　力　中国秦文研究会　秘书长

钟红亮　首都医科大学附属北京朝阳医院　神经外科主治医师

李泽君　深圳市九九九国际贸易有限公司　总经理

齐　南　北京蓝海在线营销顾问有限公司　总经理

王九川　北京市京都律师事务所　律师　合伙人

朱永锐　北京市大成律师事务所　律师　高级合伙人

张占良　北京市仁丰律师事务所　律师　主任

王　贺　北京市兆亿律师事务所　律师

陈景秋　《中国知识产权报·专利周刊》　副主编　记者

赵胜彪　北京君好法律咨询有限公司　执行董事/总法律顾问

赵培琳　北京易子微科技有限公司　创始人

附录三

"生态环境保护健康维权普法丛书"宣讲团队

北京君好法律顾问团，简称君好顾问团，由北京君好法律咨询有限责任公司组织协调，成员包括中国政法大学、北京大学、清华大学的部分专家学者，多家律师事务所的律师，企业法律顾问等专业人士。顾问团成员各有所长，有的擅长理论教学、专家论证；有的熟悉实务操作、代理案件；有的专职于非诉讼业务，做庭外顾问；有的从事法律风险管理，防患于未然。顾问团成员也参与普法宣传等社会公益活动。

一、顾问团主要业务

1. 专家论证会

组织、协调、聘请相关领域的法学专家、学者，针对行政、经济、民商、刑事方面的理论和实务问题，举办专家论证会，形成专家论证意见，帮助客户解决疑难法律问题。

2. 法律风险管理

针对客户经营过程中可能或已经产生的不利法律后果，从管理的角度提出建议和解决方案，避免或减少行政、经济、民商甚至刑事方面不利法律后果的发生。

3. 企业法律文化培训

企业法律文化是指与企业经营管理活动相关的法律意识、法律思维、行为模式、企业内部组织、管理制度等法律文化要素的总和。通过讲座等方式学习企业法律文化，有利于企业的健康有序发展。

4. 投资融资服务

针对客户的投融资需求，协调促成投融资合作，包括债权股权投融资，为债权股权投融资项目提供相关服务和延伸支持等。

5. 形象宣传

通过公益活动、知识竞赛、举办普法讲座等方式，向受众传送客户的文化、理念、外部形象、内在实力等信息，进一步提高社会影响力，扩大产品或服务的知名度。

6. 市场推广

市场推广是指为扩大客户产品、服务的市场份额，提高产品的销量和知名度，将有关产品或服务的信息传递给目标客户，促使目标客户的购买动机转化为实际交易行为而采取的一系列措施，如举办与产品相关的普法讲座、组织品鉴会等。

7. 其他相关业务

二、顾问团部分成员简介

王灿发：联合国环境署－中国政法大学环境法研究基地主任，国家生态环境保护专家委员会委员，生态环境保护部法律顾问。有"中国环境科学学会优秀科技工作者"的殊荣。现为中国政法大学教授，博士生导师，中国政法大学环境资源法研究和服务中心主任，北京环助律师事务所律师。

孙毅：高级律师，北京市公衡律师事务所名誉主任，擅长刑事辩护、公司法律、民事诉讼等业务。有从军经历，曾任检察官、党校教师、律师事务所主任等职务。

朱永锐：北京市大成律师事务所高级合伙人，主要从事涉外法律业务。业务领域包括国际投融资、国际商务、企业并购、国际金融、知识产权、国际商务诉讼与仲裁、金融与公司犯罪。

崔师振：北京卓海律师事务所合伙人，北京律师协会风险投资和私募股权专业委员会委员，擅长企业股权架构设计和连锁企业法律服务，包括合伙人股权架构设计、员工股权激励方案设计和企业股权融资法律风险防范。

侯登华：北京科技大学文法学院法律系主任、教授、硕士研究生导师、法学博士、律师，主要研究领域是仲裁法学、诉讼法学、劳动法学，同时从事一些相关的法律实务工作。

陈健：中国政法大学民商经济法学院知识产权教研室副教授、法学博士。研究领域：民法、知识产权法、电子商务法。社会兼职：北京仲裁委员会仲裁员、英国皇家御准仲裁员协会会员。

李冰：女，北京市维泰律师事务所律师，擅长婚姻家庭纠纷，经济纠纷及公司等业务。曾经在丰台区四个社区担任常年法律顾问，从事社区法律咨询等工作。

袁海英：河北大学政法学院副教授、硕士研究生导师，河北省知识产权研究会秘书长，主要从事知识产权法、国际经济法教学科研工作。

汤海清：哈尔滨师范大学法学院副教授、法学博士，北京大成（哈尔滨）律师事务所兼职律师，主要从事宪法与行政法、刑法的教学工作，从事律师工作二十余年，有较为丰富的司法实践工作经验。

徐玉环：女，北京市公衡律师事务所律师，主要从事公司法律事务。业务领域包括建设工程相关法律事务、民事诉讼与仲裁。

张雁春：北京市公衡律师事务所律师，主要从事公司法律事务，擅长公司诉讼及非诉案件，为当事人挽回了大量经济损失。

张占良：民商法学硕士，律师，北京市仁丰律师事务所主任，北京市物权法研究会理事。主要办理外商投资、企业收购兼并、房地产法律业务，从事律师业务十九年，具有丰富的律师执业经验。

赵胜彪：法学学士，北京君好法律咨询有限公司执行董事 / 总法律顾问，君好法律顾问团、君好投融资顾问团协调人 / 主任，中国科技信息杂志法律顾问。主要从事企业经营过程中法律风险管理的实务、培训及研究工作。

三、顾问团联系方式：

办公地址：北京市朝阳区东土城路 6 号金泰腾达写字楼 B 座 507

联系方式：13501362256（微信号）

lawyersbz@163.com（邮箱）